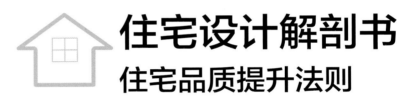

住宅设计解剖书

住宅品质提升法则

（日）X-Knowledge　编

凤凰空间　译

江苏凤凰科学技术出版社

3 让住宅看起来更有魅力
设计外观的技巧

4 向优秀的工程行学习
外观设计的 12 项秘诀

1

让设计品位提升数个层级

内部装潢的大原则

委托人对于空间要求的变化

住宅内部装潢的流行，大致上会以 5 年为单位来变化。

10 年前　客厅和卫浴都是白色

浴室也要求地板、墙壁、天花板全都是白色。浴室的地板等等，白色建材在当时属于少数。

地板、墙壁、天花板，整个都是白色的空间。摆设的物品也不会太多，给人清爽的印象。

5 年前　厚重与休闲的两大派

柚木、海棠木等较为深沉的地板，组合熟石膏或矽藻土等灰泥墙或大理石。

另一方面以年轻人为中心，也有许多用杉木、蒲樱木等明亮的地板材质，组合白色墙壁的空间。

现在　用较低的对比来得到深沉的气氛

糙叶树木材的木板跟裸露的灯泡、压花玻璃等复古的风格也积极地被采用。内部装潢的对比偏低。

地板大多是橡木、柳木、桦木等材质，加上色调较为深沉的白色油漆。

　　受委托人「喜爱」的内部装潢，这句话说起来虽然简单，每个人的喜好却是千差万别，让我们在决定的时刻遇到许多困难。不过总是会有流行的趋势存在，我们将大致上的倾向，整理成上方的照片。

　　除了这些表面材质的倾向，最近的趋势，是内部装潢并不只局限于地板、墙壁、天花板。

　　有不少委托人会想要积极的呈现摆设型家居或小配件等附属品。

　　喜爱这种具有风格的内部装潢的委托人越来越多，让客厅内固定式家具的需求变少。想要自己购买矮柜来设计的思考方式，渐渐成为主流。

　　就像这样，现代住宅对于家具的摆设跟房间的使用方式，稍微产生变化，但「具有包容力的空间」所拥有的魅力仍旧不变。基本上人们追求的，还是气氛宽敞的空间。像右页 CG 这样，被划分为细小空间的格局，不管内部装潢再怎么努力，都很难得到良好的气氛。

　　以这种观点来看，内部装潢与人体非常得相似。骨骼与内脏的美，会直接展露到表面。骨骼与内脏都是基本设计的要素。在整理过的基本设计上进行装饰或追加摆设品，可以更进一步凸显出它的美。在考虑内部装潢之前，希望可以先注重基本设计。

良好的格局，可以让内部装潢更加美丽

同样大小的空间，也会因为格局设计让宽敞的感觉出现变化，内部装潢给人的印象也受到影响。

○ 设计要素经过整理，感觉宽敞的空间

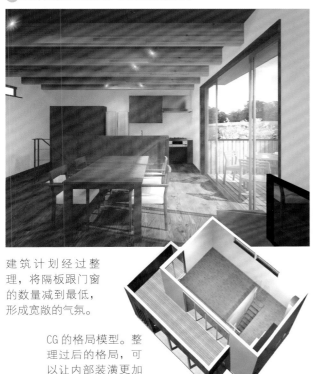

建筑计划经过整理，将隔板跟门窗的数量减到最低，形成宽敞的气氛。

CG 的格局模型。整理过后的格局，可以让内部装潢更加美丽。

○ 翼墙＊跟门窗较多，没有经过整理的格局

翼墙＊跟分散的窗户有损于宽敞的气氛。

用小墙与门窗区隔开，缺少伸展出去的感觉。摆上家具会产生压迫感。

好的内部装潢从骨骼开始

构造跟格局这些相当于骨骼的部分要是不漂亮，表面再怎么装饰也没有意义。这点跟人体的美丑相同。

好的骨骼　坏的骨骼　好的打扮　坏的打扮　好的高龄　坏的高龄

骨骼跟内脏的美，决定是否能成为美女

建筑物的基本设计，在某种程度上会决定它的美丑。格局跟模具，还有设计的均衡性都非常重要。

打扮跟生活习惯也是美女的重要条件

内部装潢的调和跟小配件的筛选也很重要。可以一边计划一边思考主题。

日常的保养将影响老化的程度

生活习惯不好很快会变丑，老化也较为迅速。委托人对建筑物的使用方式与维修也很重要。

CG 提供：安心计划

＊ 翼墙：往室外突出的小墙

跟这种主题有关的基本理论，是询问委托人对地板材质的喜好。许多人对于地板的材质，都拥有明确的主见。这大多可以用①松木／蒲樱木／杉木系列、②柚木／海棠木系列、③橡木／柳木系列等3种倾向来套入。

接下来的重点，必须从参考资料之中读取。初期进行讨论的时候，不少委托人会携带刊登着他们喜爱的咖啡厅或酒店的各类杂志，此时要详细听委托人述说，他们对于照片中的哪些部分感到「喜爱」。如同下图这样，就算是同一张照片，也会有各种观点存在。对方并非这方面的专家，要慎重且详细的判断他们所要表达的内容。如果能在初期阶段就取得共识，后续作业就会进行的比较顺利。

用过去的案例来消除不安

在讨论内部装潢的时候，一定会登场的目录跟样品，理所当然的，绝对不可以用目录来挑选表面完工的材质。

▌关注的部分会随着委托人而有所不同

在询问委托人喜欢什么样的气氛时，可以请对方提供自己喜爱的空间照片。
但是同一张照片，每个人观察跟思考的部分并不相同。我们的目标不是设计出与照片相似的空间，要详细询问对方喜欢照片内的那些部分，掌握对方真正的兴趣和追求的目标。
另外，按照对方的指示直接将照片内的设计进行移植，很可能会让空间变得不三不四。如果能先理解其中的特征，以适合这个案件的方式来重现，则可以一方面回应委托人的要求，一方面创造出充满协调感的空间。

A 小姐（喜欢色泽与气氛）

■ 想要有符合女孩子气氛的可爱房间
■ 喜欢柔和的光线给人的感觉
■ 墙壁跟天花板用像这样的乳白色最好
■ 想要跟这张照片一样花色的窗帘

B 小姐（喜欢小配件）

■ 想要摆红色的椅子
■ 想在墙上贴各种海报
■ 想要使用像这样的床单
■ 想在窗边摆放许多装饰品

C 太太（喜欢格局）

■ 房间大小差不多像这样
■ 希望有整面的窗户，一部分使用雾面的玻璃
■ 窗边最好要有大型的柜台
■ 床头要稍微暗一点

D 先生（注重设备与机能性）

■ 照明要用 LED 落地灯
■ 烟雾感测器要精简
■ 想要有可以钉上各种物品的软木板
■ 开关要装在不显眼的部位

特别是木材。许多场合就算是同样的树种，也可能形成完全不同的气氛，一定要直接跟预定使用产品的制造商索取样品。另外，不光是外表，气味跟感触也都是重要的依据。这些部分如果不符合委托人的喜好，都可能无法得到认同，所以必须用样品来进行确认。

我们也会让委托人确认过去经手的案件。可以跟当下的成屋或大型建商所推动的建案做对照，确认是否有什么已经过时的要素。

首先确认老化跟维修的状况。实木地板＋涂装上漆完工状况是否没有问题、厨房作业台表面的损伤跟污垢到什么程度、没有框的门窗跟没有收边条的结合部位是否有损坏等等。

关于使用起来是否方便，一样可以询问过去的委托人。厨房位置的规划跟水龙头金属零件使用起来的感觉、没有把手的门开合起来的感觉等等。

在大多数的场合，委托人都会很自然地提出问题，但也有像结合部位的感觉等，使用者本身也没有去留意的部分。可以由设计者主动引导，来确认使用上是否有问题。在这个阶段找出问题并事先预防，才是聪明的做法。

▌让委托人看过去的案例时，必须确认项目的实际情况

如果采用跟一般住宅不同的规模或装设手法，不少委托人都会担心是否会因为这样而产生问题。尽量让对方看到完工之后的实际状况与细节，来确认这种规格所能得到的效果跟使用状况。如此可以分享同样的完成图，事后被抱怨的机率也大幅降低。

确认墙壁收边条的有无或形状

让对方想象实际的效果和兼具什么样的清洁效果。

实木地板

让对方确认脚底的触感、尺寸的稳定性、色泽的统一性、表面涂装上漆后的保养。

格局

没有隔间的宽敞空间或是挑高、天花板的高度。让对方体会用门窗间隔之后的空间。

门窗

大小、板状材质、轨道开关的状况。门窗框的收纳、作为拉门与墙的滑动门等等。

家具

把手的形状、板状材质的完工状况、门的开合、桌面高度等等。

墙壁的完工材质

压克力乳胶漆、油性涂料、灰泥墙、壁纸等等的感触与脏污程度。

照明器具

整体的气氛、种类与亮度、调光、人体感测器的效果。

厨房

桌面的材质与厨房的类型、大小、流理台的尺寸、排水孔盖的形状、洗碗机等等。

楼梯跟把手的形状

如果楼梯的造型比较特殊，要确认是否好爬、是否会产生恐惧感、扶手好不好握等等。

从格局来思考内部装潢，实现具有包容力的空间

对内部装潢来说
好的格局与坏的格局

要实现先前所提到的「具有包容力的空间」，格局将扮演关键性的角色。让我们以简单的方式来进行说明。

首先要像右页中央这张图一般，划分出公共区块与私人区块，接着有效率地排列出各个区块的动线，务必力求精简。

接下来像右侧上图这样，让内部拥有洄游性或是可以穿过的部分。若是可以创造出让视觉穿越到远方，看不到动线尽头的构造，则可以得到宽敞的气氛。更进一步透过洄游型的动线来移动到各个位置，则会产生更多的视野，让人体会到内部装潢的丰富性。

再来所思考的是如何整理出「必要的物体」，并且将「不必要的物体」省略。

「不必要的物体」指的是翼墙跟垂壁。这些不但会阻碍到空气、光与视线的流动，而且就格局的构造来看，没有会比较好。同样的，墙壁的收边条与天花板的线板如果能够省略的话，视觉上会比较容易整合。打开时的门窗，也容易成为模棱两可的存在，要设计成为可以完全收到墙壁内。或是跟墙壁一体化。

下一步则是从必要的物体之中，区分「想让人看的物体」跟「不想让人看的物体」。前者要当做空间的点缀来进行活用，后者则是尽量地隐藏。

「想让人看的物体」是架构和足以成为点缀的墙壁、楼梯、系统厨具、摆设型家具、照明等等。基本上会像右页上图这样，摆到结构的方格图上。一旦摆到方格图上，家具跟照明器具就会开始成为空间的点缀。

除此之外还要像右页下图这样，对开口的部位好好进行检讨。

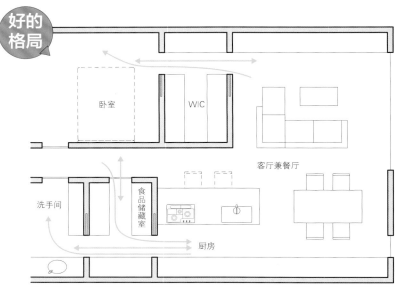

让 LDK* 一体成型来减少隔间用的墙壁，将走廊也合并在一起。创造出宽敞的气氛，并感受到家中其他人的存在。每个房间设置 2 个以上的出入口，实现洄游性的同时也让视野宽敞，让风跟光线流动。

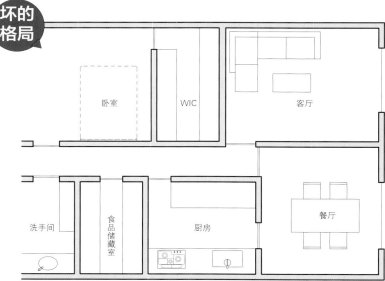

隔间用的墙壁将各个房间分隔开来，通风状况不佳，让房间内形成阴暗的气氛。不但需有长长的走廊，而且通道的尽头也多，难以形成精简的动线。

*LDK= 客厅（Living room）、餐厅（Dining room）、厨房（Kitchen）所构成的一体空间

内部装潢要以**等间隔**来排列　　把家具跟照明器具摆到方格上

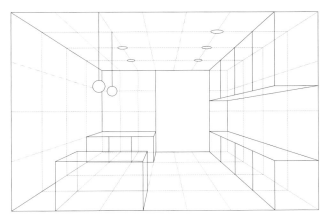

不要事后再按照现场的状况来配置收纳跟照明，以各个部位的尺寸跟构造的骨骼来决定基准，将计划案摆到方格上，然后把家具跟照明器具排列上，规划出整齐的空间。

固定式的家具跟门窗、落地灯、间接照明的位置等等，全都摆到方格上进行规划的案例。餐桌的位置尚未决定，因此选择灯用轨道。

良好机能性的**房间排列**　　把公共／私人的区块分开来规划

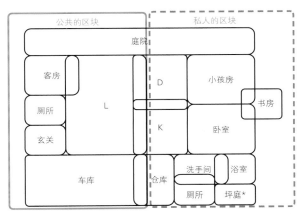

分成公共与私人的区块，将可以排在一起的房间摆在一起。客厅与餐厅是联系各个房间的要素。走廊少一点会比较有效率。

将客厅兼餐厅、卧室兼和室连在一起的案例。地板较高的和室为私人空间，用大型的拉门或格子门来区隔。

装设窗户的方式会改变内部装潢　　窗框与门框的处理将大幅改变呈现方式

天花板较高的房间，景色虽然不变，天空的存在感却会更进一步影响到内部装潢。

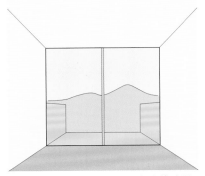

把窗户开口推到天花板跟墙壁的边界，外框埋到墙内的案例。视野非常宽广，墙壁跟天花板也不会形成阴影。窗帘轨道也埋进天花板内部。

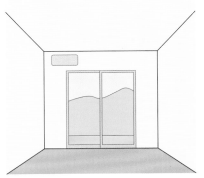

使用一般窗户的案例。视野变得较为狭窄，墙壁跟天花板也会形成阴影。窗帘的轨道跟冷气都会出现在视线内。

＊坪庭：迷你的中庭

统一天花板的高度
创造宽敞的气氛

用地板的高低落差 机能性地区分场所

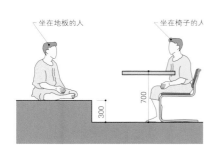

坐在地板的人　坐在椅子的人

300　700

将铺设榻榻米的台座调整为 30cm 左右的高度，让视线的位置跟坐在椅子的人相同。把一部分的地板挖深来设置暖桌，以此取代沙发，也是颇受欢迎的方式之一。

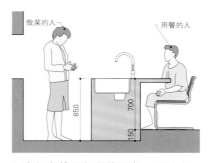

做菜的人　用餐的人

850　700　150

厨房柜台兼具餐桌的场合，可以让厨房的地面比用餐区块更低 15cm 左右。两者之间的高低差可以用斜坡来解决。

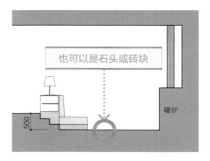

也可以是石头或砖块

暖炉

500

利用高低落差来设置沙发，形成被包围起来、气氛沉稳的客厅。有时也会用室外的地面来当作客厅地板，设置暖炉或烧柴的暖炉。

天花板的高低落差 必须是可以被活用的设计

往深处延伸
让人看不到尽头

让天花板以水平的角度往内延伸设计。避免让人看到深处尽头，以形成宽敞的气氛。也可以在缝隙深处设置间接照明。

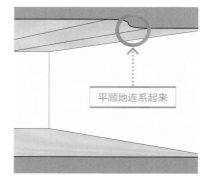

平顺地连系起来

将哥本哈根肋条 * 等高低落差平顺的连在一起，可以透过光的渐层，让空间给人温和的印象。

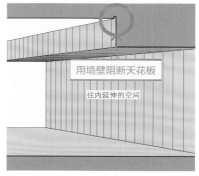

用墙壁阻断天花板

往内延伸的空间

天花板的高低落差比较大的场合，可以采用纵向的设计，让墙壁看起来是往上方延伸，或是让凹陷的部分成为另一个空间。

　　要让延伸出去的气氛视觉化，天花板的处理方式会非常的重要。连续性的天花板，可以让人感觉受到空间的伸展性。反过来看，被垂壁所分隔的空间、各个房间天花板的高度或表面材质没有统一的话，则很难形成宽敞的气氛。

　　最近比较常见的将 LDK 合并成一个整体空间的设计，也必须重视空间的连续性。最好用同样的高度跟材质来将天花板统一。

　　设在客厅一角的小型和室，有时会在空间的边界撞上门窗，此时如果能设置栏间 * 的话，则可以让人看到隔壁空间的天花板，形成宽敞的气氛。此时的重点是调整栏间的开口（尺寸），避免让人看到远方的墙壁。要是位在尽头的墙壁出现在视线内，宽敞的气氛马上就会消失。

　　就实际状况来看，基于上方楼层的设计跟设备管线的问题，天花板的高度不一定都在我们的掌控之中。对于天花板的处理方式，请见上图。其中最能有效应用的，是让天花板以水平的角度往内延伸的设计。在这个部分装设间接照明，很容易就能形成视觉性的效果。也能将此处整个空间，当作照明计划的一部分。

* 哥本哈根肋条（Copenhagen Rib）：设有木制长条，具有吸音效果的板材。
* 栏间：位于和室边缘，从天花板垂下来的格子窗。

将 2 楼地板摆在**南边**的场合

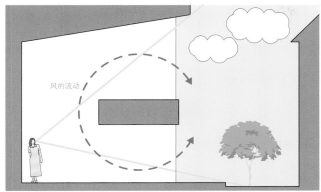

风的流动

视线被分隔成水平与天空两个方向，如果正面景观不佳，这将是有效的设计。风跟光可以循环到北边，让人意外的，形成开放性的空间。

将 2 楼地板摆在南边的案例。窗户虽然被分成上下两边，但光线还是可以照到房间北侧。天花板没有设置垂壁，往深处的房间延伸，形成宽敞的气氛。

将 2 楼地板摆在**北边**的场合

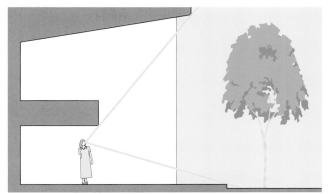

从下往上的视线不受阻碍，外侧的景观将影响到内部装潢，北边有往内延伸的空间存在，形成兼具缓急明暗的空间。

本格局的挑高构造，将厨房摆在深处天花板较低的位置。利用上下较长的窗户，来向附近的树木借景。可以活用高低落差的变化，让楼梯做有效的呈现。

另外就算是 LDK 的空间并在一起的案件，如果厨房位在深处，由于视觉不连贯，只有厨房的天花板比较低，也不会让人在意。反过来说，如果因为油烟的关系不得不降低厨房的天花板时，可以将油烟机还有相关设备摆在比较深处的位置，这样就不会影响到空间的连续性。

调整地板高度的有效性

就算是开放性的格局，有时也会想要区分出特定场所的「领域」。此时可以像左页上图这样，天花板虽相连，但是降低地板的高度，以机能性的方式作区分。这种方式还可以调整视线或作业台的高度，就整合家具机能的观点来看，也是有效的作法。

另外，如果在空间的一部分做挑高时，相反地，天花板高度的延伸性将成为重点。让必须降低的部位，一口气降到 2 m 左右的高度也是很有效的方式。这样可以强调从天花板较低的空间，进入较高的空间时所能得到的解放感，楼梯等想要让人看到的要素也更具象征性。

在这种场合，重点一样是挑高的部位不要装设垂壁，让天花板能够连在一起。另外则是像上图这样，如果能按照周围的环境来调整挑高跟窗户等开口的位置，则可以巧妙地将景色融入装潢的一部分。

调整地板材质的色调
来当作装潢表面的材料

整合内部装潢的时候，表面完工材质的组合非常重要。用来度过每一天的住宅，除了不会让人感到厌烦的设计之外，还必须思考耐久性的问题。因此基本原则，是将耐用年数跟老化倾向相似的材料组合在一起。随着时间流逝，一起塑造出沉稳的气氛，重新装潢的时期也能凑在一起。很自然地会以实木地板为首，环绕在木材跟石头、金属、纸张等材料身上。

接着来看组合的方式。第一个要决定的，是地板材质。这是因为委托人对此，大多持有明确的意见。最近的住宅几乎都是使用木质地板，所以要先决定树种。以这个颜色跟质感为基础，来决定墙壁跟天花板的颜色。

墙壁跟天花板大多是统一使用白色，但必须配合地板的颜色跟气氛，来调整白色的感觉。地板材料如果是橡木或栎木等黄色比较浓的木材，墙壁、天花板也要稍微偏黄色。如果是海棠木或蒲樱木等红色较强的木材，则可以稍微偏向红色。另外，纯白色会形成比较强烈的倒影，如果反射出天空的蓝色，跟地板材质比较之下可能会形成不均衡的空间。

色调一定要按照「日本涂漆工业会」的颜色样本编号来进行指定。以此来制作样品，然后带到现场实际比对各种材料的颜色跟质感，确认搭配起来是否没有问题。

隐藏不想让人看到的物体

颜色的效果另外还有一个重点，那就是像下边照片这样，让想要隐藏的物体或设备，不会成为瞩目的焦点。基本上会选择深灰色等跟影子颜色接近的涂料或聚酯树脂合板。

此时必须注意的重点，在于颜色的选择。黑色会让对比太过强烈，反而成为显眼的目标，基本上要以深灰色来进行考量。

善用深灰色
在想要降低存在感的部分涂上深灰色来融入影子。

○ **让扶手的存在感消失**

扶手的骨架等，设计上希望隐藏的部分可以涂成深灰色。特别是窗户的框架，要尽量不去影响到风景。

○ **让百叶窗的补强材料消失**

将冷气百叶窗的内部涂成深灰色的案例。设计上虽然想让人看到百叶，却不想被看到内侧补强用的材料时，可以将百叶以外全都涂成深灰色。

○ **让楼板与管线消失**

在钢筋混凝土的建筑物之中，设置和风餐厅的旅馆。将露在表面的木头架构涂成棕色，主要结构跟设备的管线全都涂成深灰色，让人完全不觉得是在钢筋混凝土建筑物的内部。

从地板的材质来看内部装潢的倾向

| 地板 | 墙壁 | 玄关、土间 ＊ |

地板

○ 杉木

使用较厚的实木地板。冬暖夏凉、柔软且脚底的感触良好，但容易受损。讨厌节眼的人不在少数，一定要拿样品来跟委托人确认。

○ 海棠木、柚木

许多品种都比较不容易受损，但脚底的感触较硬，要注意委托人的喜好。低等级的品种色泽比较不均匀，意外性地会给人比较粗犷的厚重感。

○ 松木、蒲樱木

喜爱北欧风格或无印良品的人常常会使用。蒲樱木没有什么强烈的特征，松木有节眼存在，给人比较粗犷的印象。价格较为低廉。

○ 橡木、柳木、桦木

在实木地板的表面涂装上漆的自然工法，在最近似乎比聚氨酯更受欢迎。许多会稍微上点颜色来调整色调。

墙壁

○ 熟石膏或壁纸

白色涂料或壁纸、凹凸较少的熟石膏等等，大多会采用精简的造型。墙壁收边条、天花板线板、画框等配件，可以增加木头的成分。

○ 表面粗糙的灰泥墙

不少人会追求沉稳的气氛，可以跟表面粗糙的土色灰泥墙搭配。也能跟白色墙壁组合，营造度假酒店般的气氛。

○ 亚克力乳胶漆或壁纸

大多跟白色的墙壁组合，压克力乳胶漆跟 Runafaser(日本的壁纸制造商) 的壁纸也常被使用。建议选择自然且廉价的修缮方式。

○ 略带表情的白色涂料

与其使用纯白色，不如选择略带米色或稍微偏离白色，让人感受到复古气氛的色泽。也常常会跟白色还有暖灰色（Warm Gray）的墙壁组合

玄关、土间 ＊

○ 洗石子

有不少人会喜欢和风那种整洁的空间，建议使用洗石子，或是浅灰色烤过的花岗石。白河石等日本的石材也很好搭配。

○ 洞石、板岩

希望能有厚重的气氛时，建议使用长年代加工过的洞石，或是色泽较为浓厚的板岩。若想得到度假酒店般的气氛，也能使用表面光滑的米色大理石。

○ 陶砖

活用自然材料，气氛温和且明亮的住宅内，可以用没有上料的陶砖来当作地板。吸水性高，脏东西也容易被吸入，必须要有抗生物涂料等防污对策。

○ 灰色系石材

虽然贴上颜色较为深浓的石材，但设计倾向于较低的对比，因此搭配灰色系的板岩或烤过的花岗岩、镘刀修缮的水泥。

＊ 土间：没有铺设室内地板的地面，可以让人穿鞋进来的部分，或者成为纯粹用来脱放鞋子的处所。

墙壁收边条、天花板线板
要突显还是去除，清楚分明

各个部位的细节，会对整体的印象造成很大的影响。一般来说，将装饰板条省略来进行调整，会比较容易将整体的印象整合起来。

首先是天花板线板，基本上采用单纯贴合＊的工法。墙壁跟天花板如果采用油漆或壁纸，不会有什么问题。但如果是灰泥等容易裂开的材质，或是灰泥跟壁纸等异类材质的组合，最好还是装上FUKUVI (FUKUVI 化学工业) 的 F 型装饰板条，将结合面区隔开来会比较安全。天花板距离视线较远，因此缝隙也不会那么显眼。

关于墙壁的收边条，最简单的是让石膏板直接与地板相接的装设方式。使用这种设计时，跟地面相接的下方石膏板，必须采用强化石膏板。根据过去的案例，这种方式也能漂亮地结合，外观上没有问题。右页整理出几种较为常见的手法。除了墙壁的收边条之外，还有墙壁外侧转角或门窗外框等实用性的装设技巧。

呈现的时候大胆进行

想要得到厚重或复古式的气氛时，则必须强调装饰板条的存在。此时采用比门窗外框25mm、表面板材40mm、墙壁收边条60mm 等一般正面尺寸还要更大的外框或收边条，会比较有趣。

另外，想要突显收边条的时候，会采用跟地板相同的材料。市面上虽然有贩售适合柚木与栎木等的收边条的尺寸，但海棠木跟胡桃木却相当稀少，会用涂料来搭配地板的颜色。

收边条、门窗外框、天花板线板等确实**装设的案例**

跟门窗一起，尺寸较大的收边条跟门窗外框，都涂成跟地板相似的颜色，给人复古风格的浓厚气息。天花板线板被涂成白色，让存在感消失。

＊单纯贴合：只用钉子或粘着剂让材料结合在一起。

收边条、门窗外框、天花板线板等**没有装设的案例**

使用上方轨道的拉门，并且可以收到墙壁内侧。地板虽然是带有节眼的杉木，因为没有装饰板条，还是让整个空间维持精简的印象。

隐藏墙壁收边条、天花板线板的技巧 确保机能性与收纳的技巧

○ 没有使用天花板线板

墙壁跟天花板如果使用不同种类的材质，可能得多加注意（就算如此，使用缝隙工法*还是可以精简地装设完成）

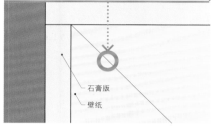

石膏版
壁纸

不论是墙壁阻断天花板，还是天花板阻断墙壁，不用特地装上装饰板条也没关系。但是像灰泥墙跟壁纸等，表面材料之间的性质有异、必须要多加注意的状况，得将结合面分开。

○ 墙壁外侧转角

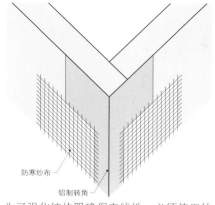

防寒纱布

铝制转角

为了强化结构跟确保直线性，必须使用转角专用的材料。跟聚氯乙烯相比，L型铝条强度更高，完工后的状况也比较稳定。

○ 不显眼的门窗外框

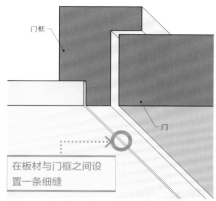

门框

门

在板材与门框之间设置一条细缝

门最好要有门框，但如果在门窗外框与板材之间设置1mm左右的缝隙，就能降低裂开的可能性。

○ 收边条跟遮盖用横木

要是使用收边条的时候，高度必须跟遮盖用的横木凑齐

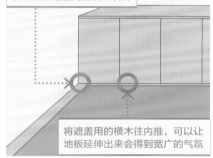

将遮盖用的横木往内推，可以让地板延伸出来会得到宽广的气氛

使用收边条的时候，高度如果能跟现场制作的家具、厨具的遮盖用横木凑齐，则可以让空间维持清爽。另外，刻意增加收边条的尺寸来让人看到，也是一种方式。

在这个案例，收边条跟遮盖用横木都统一成5 cm，并涂上较深的颜色。收边条的部分成为阴影，形成地板延伸出去的气氛。

○ 无框拉门

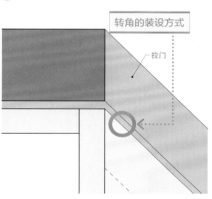

转角的装设方式

拉门

设置拉门的时候，如果采用跟墙壁外角一样的处理方式，不用特地装设外框。只要采用上方轨道，就不会影响到地面。

○ 没有收边条

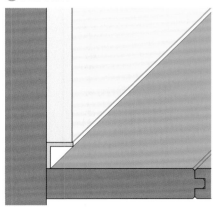

为了防止吸尘器等去撞到，追加了13mm的L型铝条。也可以使用聚氯乙烯当作材质，但铝制品的线条比较锐利。

○ 内凹的收边条

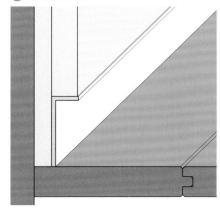

这个案例使用13×35mm的不等边L型长条。墙边的地板如果没有处理干净，会容易产生缝隙，装上两层板材会比较容易组合。

○ 开缝收边条

搭配油漆

搭配壁纸

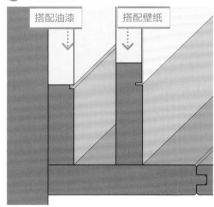

在木制的收边条开出一道缝隙，装到同一个面上。跟墙壁涂成同一个颜色就不会太过显眼。搭配壁纸的话，可以将缝隙开在收边条上，塞入壁纸。

* 缝隙工法：表面板材之间空上3～6mm的间隔，以免材料的不均衡性被突显。

○ 天花板跟墙壁都是现场打造的家具 在这之间装设拉门的案例

在墙壁跟家具之间设置可以收纳拉门的缝隙，让拉门可以完全没入墙内的案例。装在门上的镜子，在关起来的时候让空间看起来更为宽广。

上方照片的结构图。拉门尺寸设计得刚刚好，打开的时候完全收在墙内。

○ 在天花板倾斜的空间内装设 上方轨道拉门的案例

在天花板设置拉门轨道用的缝隙，让拉门的上方轨道没入天花板内。

没有设置垂壁，将门打开的时候天花板与隔壁房间相连，让空间得到伸展性。

○ 拉门贴到天花板的案例

因为没有垂壁，让墙壁维持清爽的造型。门板的表面是椴木合板加上 OSMO COLOR（日本自然涂料制造商）的涂料。

将拉门打开的样子。地板、墙壁、天花板与门外连在一起，打开之后成为同一个房间。

内部装潢的大原则

内部门窗一定要现场制作

室内开口所使用的门窗，一定要按照现场状况来制作。成本虽然比市面上的制品高，但如果是椴木合板的平板门，价钱也差不了多少。可以配合设计来设定尺寸、可以自由调整表面的颜色，再加上现场特制的家具总是有一定的需求存在，建议可以成立相关的体制。住宅建商会以成品家具为中心来提案，为了区分彼此的特色，让现场特制的家具成为不可缺少的要素。

室内门板基本的思考方式，是打开的时候让存在感消失，关起来的时候外观有如墙壁一般。因此基本上会让高度从地板到天花板的门，可以收到墙壁内部。外框当然也要收在天花板内，不可以被看到。

应用方式之一，是遇到地板高低差或垂壁的时候，可以将门贴在高低落差上面，让门在关起来的时候可以形成清爽的空间。

使用上方轨道的拉门 让内部装潢容易整合

想要整合内部装潢、维持空间连续性的时候，建议使用上方轨道的拉门，让门打开的时候地板可以连系在一起。但如果使用像灰泥这种容易剥落的表面材质，而家中又有小孩的话，最好在地上装个小小的制门器。

理想的状况，是门拉上时看起来就像墙壁一样，因此尽量不装把手。开关时所触摸的部分容易脏污，表面一定要上护木油。就算如此，随着木材颜色的不同，手的污垢还是有可能会变得明显。如果颜色较为明亮的话，最好还是装个小小的把手。也可以开条缝隙来当作把手。

现场打造的家具让内部装潢得到清爽的气氛

不但能让内部装潢更显宽广，使用起来亦相当方便的门窗技巧。

○ 打开的时候有如墙壁一般的拉门

装设尺寸跟墙壁相同的拉门。房间内外的地板相连，在打开的时候，给人隔壁房间也是同一个空间的印象。

关到一半的拉门。分割成两扇门，让开口处成为缝隙，可以进行适度的换气。没有使用门框、制门器、门槛等会让人联想到门的设备。

关起来的拉门。感觉有如板状的墙壁一般，门的宽度可以按照想要遮住的面积来调整。

○ 上方照片两扇拉门的开合模式

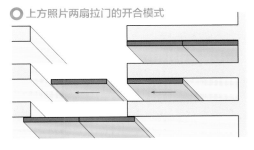

○ 设置兼具把手机能的缝隙以黑竹装饰的案例

周围是用椴木合板加上 OSMO COLOR 的涂料。拉门打开是黑竹的格子，让人可以事先预测。

上方照片的正面图。缝隙的竹子下方贴有不锈钢。

思考拉门尺寸的时候，会以打开时的收纳状态为基准。把门分割的时候，也要注意是否需要防止摆动的构造。

○ 把门窗贴上将高低差遮住的案例

就算地板或天花板有高低差存在，只要把门板贴上，就不会让人感到在意。此时高低差竖板的表面材质，最好跟地板相同。

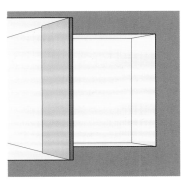

上方照片的图，把门关起来时可以将高低差遮住。

表面材质的色调，基本上要配合木头地板的颜色。预算要是足够，可以用同样种类的木材制作薄片来贴上，没有办法的话，基本上会用椴木合板来油漆。另外，门窗所使用的胶合板因为尺寸规格的关系，高度超过2400mm 会变得相当昂贵，要多加注意。遇到这种状况，分成两片来设计或许会比较实际。

照明 对住宅内部装潢 的重要性

此案例的 LDK 一边将灯用轨道上的投射灯当作主要照明，一边在现场打造的家具装上间接照明。

使用家庭剧院的时候，会让沙发上方的投射灯进行调光，来照亮观赏者的手边。

　　就视觉性的效果来看，老手与生手最容易产生落差的部分，是照明。最近的委托人，会想要将商业空间的体验带到住宅内，为了回应这种要求，必须拥有照明设计的关键技术 (Know-How)。

　　首先来复习一下装潢设计之中照明的效果。第一点是表现出高级的气氛。创造阴影、调整色调让空间产生明暗，家具跟小配件也能更加美丽地呈现。就算是同样的空间，好比渲染前与渲染后的电脑影像一般，会产生很大的落差。

　　另一点则是透过照明效果，将不想让人看到的物体隐藏起来。拥有强烈生活感的各种持有物品，我们可以将这种区块的照明调弱，休闲的时候就不用去在意它们的存在。视觉性的效果也会影响到精神。巧妙设计的明亮环境，可以让身在此处的人放松，也能一口气提高委托人的满意度。

　　要得到这些效果，并不需要高级的照明器具。就提高装潢品质来看，照明拥有非常优良的性价比。

　　这种被称为多灯分散的照明方式，就如同名称一般，是将必要的照明分散在需要的部分，以此进行配置。

装在沙发上方的落地灯。光源采用对比较低的反射灯泡。

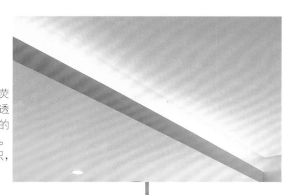

把装在天花板边缘的荧光灯当作间接照明。透过调光可以得到相当的亮度，适合用来作业。照亮广泛的天花板面积，也能成为整体照明。

崁灯、间接照明、投射灯、落地灯多灯分散照明的LDK

跟一般住宅那种，以单独的天花板灯来照亮房间每个角落的方式，形成鲜明的对比。

分散开来配置，会让照明器具的数量增加，但是以小型且廉价的款式为中心，初期成本并不会增加太多。反而是细分化的照明，让居住者可以在生活中将不必要的光源关起来，更容易得到省电的效果。

装在厨房柜台上方的投射灯。可以改变亮度跟照射的方向，灵活的变通来对应各种状况。

地板灯是有效的补助照明，还可以营造气氛。必须事先想好插座的位置。

以美丽照明呈现内部装潢的基本技巧

在此对身为基本的多灯分散型照明，进行简单的说明（下图的解说以间接照明为中心）。首先摆上能够确保整个空间最低限度亮度的照明。我们把这称为「基础照明」。比较常使用的，是能够让环境得到均衡亮度的落地灯或间接照明。崁灯会让天花板变暗，因此也容易让空间产生明暗。

在这个「基础照明」上面，「加上」以其他各种用途为目的的光源。可以想象成女性在化妆一样。首先是机能性的照明。照亮狭小范围的投射灯，算是其中的代表。煮饭时照亮手边的灯具，位在餐桌上方、让餐点看起来更加美味的照明等等，都可以用投射灯来当作光源。对于各种目的选择合适的光源，可以让效果更为彰显。比方说卧室或洗手间需要的光线较为柔和，此时可以像右页照片这样，「加上」间接照明等，与用途相符的光源。

客厅兼餐厅的间接照明　利用天花板的高低差

这份客厅的多灯照明组合了灯用轨道、天花板边缘的间接照明、吊灯。

在天花板边缘的缝隙，装上灯泡色的连续型长条荧光灯。加上专用的调光器，可以实现调光机能。

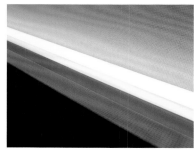

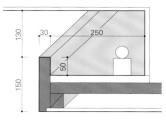

天花板边缘装设间接照明部位的截面图。要注意开口的尺寸，不可以让照明器具被看到，只露出光线。

厨房的间接照明　基本方式是在柜子下方装设荧光灯

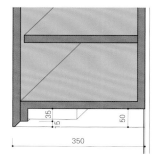

悬挂式橱柜的截面图。用橱柜门或家具的底板遮住，让光源在表面看起来不会太过显眼。

在悬挂式橱柜的底部，装上厨房崁灯的案例。厨房的表面材质为美耐板，柜台周围的墙壁则是不锈钢。

在悬挂式橱柜的墙边，装上厨房崁灯的案例。使用灯泡色的荧光灯，可以增加自然光线的感觉。

另一个用途则是创造气氛。最能展现气氛的场所，是客厅等用来休闲的地方。施工时一并打造的家具上所装设的间接照明，将可以在这方面发挥效果。另外则是使用狭角的崁灯或投射灯，只将沙发周围照亮，并降低周围的亮度来强调光线的对比。要是对准咖啡桌上的玻璃杯，可以让玻璃杯的杯口闪闪发亮，享受非日常性的气氛。

用调光器来回避委托人的抱怨

在设计多灯分散型的照明时，避免委托人事后抱怨的重点，在于采用调光器。每个人对于光线的感受，有相当程度的落差，有些委托人对于不曾体验过的照明环境，会只用一句「太暗」来拒绝。因此先采用瓦数较高、较为明亮的光源，再用调光器降低亮度来使用会比较现实。大部分都会在不知不觉之间，换上比之前瓦数更低的光源来使用。

另外，光源会以某种频率来进行更换，最好不要使用太过特殊、难以补充的款式。使用 LED 的照明器具，虽然已经进入实用范围，但还处于发展途中，最好是选择已经渐渐普及的灯泡型 LED。

卧室的间接照明　透过调光器来用在不同的用途

在床铺旁边的墙壁设置壁龛，内侧顶部装上照明的案例。浅桃红色的灰泥墙，让整个壁龛看起来像是照明器具一般。

左边照片的截面图，两颗白热灯泡并排，另一颗位在内侧。两颗灯泡位置的均衡性，也是很重要的因素。

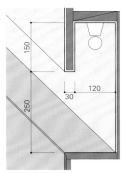

可以当作装饰柜的照明，透过调光机能，也能当作就寝时的常夜灯。

洗手间的间接照明　在镜子面前将脸部美丽地照亮

除了照亮脸部的主要照明，还在镜子内侧小型收纳的上下，设有间接照明。

左边照片的截面图，在收纳门的后方，表面看不到的位置各装设一颗白热灯泡。

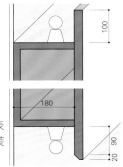

墙上的镶嵌磁砖被照出来，形成柔和的气氛。

玄关的间接照明　用宽敞的感觉表达款待的心意

在鞋柜设置两种间接照明的案例。分别用不同的开关控制，可以让人享受到不同的玄关气氛。

● 鞋柜下方的间接照明

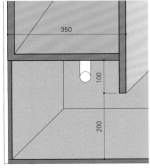

将鞋柜下方的空间空出来设置间接照明，看起来就像是地板连到内侧一般，创造出延伸出去的感觉，减缓狭窄的玄关所造成的压迫感。

● 柜台的间接照明

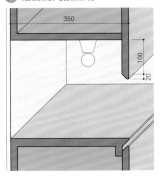

在鞋柜的一部分设置开放性的柜台，并在此装设间接照明的案例。除了当作装饰柜，还可以是暂时搁置钥匙等物品的场所。

不会失败的 照明计划的重点

投射灯　原本是照亮狭小范围的灯具，但很好应用

天花板内侧空间不够而使用投射灯的案例。也可以用来照亮画轨上的绘画。

在细长的客厅兼餐厅，装设直线型的灯用轨道，让家具的摆设位置不受限制。

吊灯　用来呈现光源造型的器具，挑选时要多加注意

周围环境采用精简的造型，突显吊灯给人的印象。照明器具会改变内部装潢的气氛，必须谨慎地挑选。

在陶瓷的灯座装上反射灯泡造型精简的吊灯。主张不会太过强烈，能够融入东西洋等各种空间之中。可以进行调光，从一般照明到常夜灯都可以胜任。

崁灯　也能成为照明计划基础照明的灯具

装在浴缸上方的崁灯。在卤素灯泡之下摇晃的水面闪闪发光，增添洗澡时的乐趣。

玄关的崁灯，用狭角的灯光照射地板的特定范围。

将崁灯直线排列的客厅天花板。另外还在墙壁边缘跟壁龛设置间接光源来形成多灯照明，让人可以按照心情跟气氛分别使用不同的照明环境。

	目的	光的特征	适用场所	采用时的注意点	其他
崁灯	■ 形成气氛沉稳的空间 ■ 照亮部分的地板	■ 从天花板往下照射 ■ 天花板会变得比较暗	■ 几乎所有房间（天花板内侧必须有充分的空间）	■ 比较不容易给人明亮的印象	■ 照射角度从广角到狭角都有 ■ 也有可以改变角度、以全周来发光的款式
投射灯	■ 可以将对象的特定部位照亮 ■ 可以改变照明的方向	■ 让特定的部位变亮	■ 厨房、客厅、餐厅的墙壁或天花板	■ 如果想轻松变更照明器具的数量，可以跟灯用轨道一起使用	■ 有可以直接装设的法兰盘型、装在灯用轨道上的栓型，以及夹子型等等
吊灯	■ 照亮桌子表面 ■ 身为内部装潢的一部分，用来呈现灯具设计的照明	■ 随着灯具的材质跟造型的不同，可以发出各式各样的光芒	■ 天花板较高的房间 ■ 餐桌上方	■ 装在不会与人接触的位置	■ 灯具的形状跟光的阴影，会对内部装潢造成很大的影响
壁灯	■ 用来当作辅助性照明	■ 依照形状，分成照亮天花板、照亮墙壁、照亮地面等不同的类型	■ 玄关、走廊、房间的墙壁 ■ 洗手间的镜子周围 ■ 浴室	■ 要装在不会与人接触的位置 ■ 要避免让人感到刺眼	■ 灯具的形状跟光的阴影，会对内部装潢造成很大的影响
立灯	■ 用来当作辅助性照明 ■ 身为内部装潢的一部分，用来呈现灯具设计的照明	■ 随着灯具的材质跟造型的不同，可以发出各式各样的光芒	■ 客厅的地板或边桌 ■ 床边 ■ 桌上	■ 灯具相当显眼，必须选择跟内部装潢可以搭配的设计	■ 可以按照状况，事后再来摆设 ■ 有时也会当作照亮墙壁跟天花板的间接照明
间接照明 （建筑化照明）	■ 间接性的照亮房间 ■ 看不到灯具的存在只有光线露出在外	■ 透过反射光让空间柔和的亮起 ■ 也可以使用半透明的材质，让墙壁或天花板本身亮起来	■ 客厅的墙壁或天花板 ■ 墙上的壁龛 ■ 玄关的收纳等等	■ 不可以让光源被看到 ■ 要注意更换灯泡时的方便性	■ 照亮的对象也会改变亮光的性质，施工时要注意墙壁跟天花板不可以有参差不齐的部分

（接23页）接着来说明，避免让照明计划失败的基本重点。

第一个重点，是进行照明计划的时候，让照明器具的种类减到最低。重心可以环绕在崁灯上。嵌灯的光源跟光线扩散的方式都相当多元，可以用在各种不同的用途。

只是使用崁灯还不够的状况，那大多是为了照亮作业用的平面。投射灯非常适合这种用途，特别是厨房相关的设备。照射方向可以简单地改变，从打电脑到小孩子做功课等等，适合给用途极为广泛的厨房柜台使用。

除此之外，想要拉高天花板高度时（比方说大规模的改建时，天花板内侧没有足够的空间可以装崁灯），也曾经将投射灯装在灯用轨道上，当作基础照明使用。跟崁灯相比，明暗落差比较大，容易让空间失去沉稳的气氛，要尽量选择可以让光扩散的灯具。

灯用轨道的好处，是当家具的排列跟房间用途出现改变时，比较容易对应。灯具更换时也相当方便，对于跟住宅互动较为积极的委托人来说，会是个很满意的机能。

接下来的重点，是照明器具的配置。崁灯基本上会摆到结构的方格上。与其每个房间独立的分配，不如将走廊也包含在内，以楼层为单位来思考照明的分配（要是结构上完全没有大型墙壁的要素存在，也可以用房间为单位来分配）。无法摆到方格上的时候，也可以避开崁灯，把灯用轨道当作变通的方法。

吊灯的必要性

另外，吊灯这种以呈现灯具本身设计为重点的照明，要装在远离动线，且坐在餐桌不会感到炫目的位置。要是会跟身体产生接触，或是常常出现在视线内，可能会在日常生活中让人感到厌烦。

再加上吊灯之灯罩的形状跟颜色，会对整体气氛带来很大的影响，必须慎重地选择。如果只是想让料理显得格外美味，裸露的反射灯泡就已经足够。如果想要让餐桌拥有象征性的照明，则可以像欧美那样使用高度比较高的台灯，让使用上的方便性跟创造气氛的手法更加多元。

第三个重点，是区分可以照亮的物体，跟不可以照亮的物体。不可照亮的物体是距离较短的墙壁跟补强用的斜梁 * 等等，这些物体照亮也不好看，是不想让人去意识到的要素。反过来看，想要照亮的物体为大型结构的表面、墙壁、天花板、窗帘等纺织品。

* 补强用的斜梁：地板角落水平的斜梁。

在鞋柜下方装上间接照明的案例。就算设有大型家具，也能减轻压迫感。另外还在上方装有由动态感测器控制的落地灯。

玄关间接照明的技巧

○ 玄关周围的平面图

玄关用动态感测器、走廊用三路开关来控制照明

间接照明，用光源附近的开关来控制

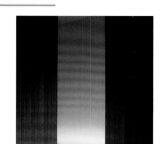

在收纳的下方装设间接照明，并将其中一扇门当作镜子的案例。除了在出门之前可以检查一下仪容，还能得到让玄关看起来较为宽敞的效果。

在走廊左侧设置大型的柜子，鞋柜只放常穿的鞋子。预定在落地灯下方的熟石膏墙挂上图画。柜台顶部虽然是糙叶树木材的厚板，但底部架空，给人轻飘飘的感觉。

把玄关收纳的中间层当作展示柜的案例。除了摆设季节性的装饰品，还可以放置钥匙或手机，具有实用性的机能。

玄关的照明
效果也很重要

　　玄关是跟外侧的接点，频繁地进行物品的拿出与收纳、穿鞋与脱鞋等行为，必须要有以机能性为优先的照明计划。土间的部分必须使用崁灯，过了门槛进到室内地板的部分，最好也要有一盏以上的灯。

　　土间部分的照明，可以使用动态感测器。回家时要是东西太多抽不出手来开灯时，非常方便。必须注意的是感测器的方向，不可以让照镜子或穿脱鞋的动作造成感测器的误认。采用可移动式的感测器，住进去之后再来调整会比较准确。

玄关收纳大小与光线的关系

　　玄关同时也是迎接客人的场所，照明也非常重要。基本上是在家具装设间接照明。比方说像照片4把装饰柜照亮，可以缓和压迫感，也方便收包裹。

　　将地板照亮一样可以形成轻快的气氛，很适合将凉鞋拿出来。另外要注意，表面的材质有可能会造成反光。

　　如果在走廊等邻接的部分，设有充分的收纳空间，则可以像照片3这样，让鞋柜的高度只到腰部，鞋柜上方只要一盏崁灯就已足够，整合出精简的造型。

○ 玄关、走廊照明的特征

设置场所	目的	适合的灯具、光源	采用时的注意点	其他
天花板	■照亮空间的同时，不可以让人察觉灯具的存在	■崁灯（LED）	■天花板内侧必须要有装设照明的空间 ■内侧空间如果不够，可以改成天花板灯，但要注意不可以干涉到橱柜的门 ■不适合透天等天花板较高的结构使用	■用狭角的灯泡照出一小部分的地板，可以形成高级的气氛 ■楼梯透天的部分有时会使用吊灯，地震时会大幅晃动，必须多加注意
墙壁	■照亮脚边	■地板灯（LED）	■墙壁必须要有可以设置照明的空间	■有时会将LED当作常夜灯
鞋柜等现场制作的收纳	■照亮装饰品	■家具用崁灯 ■间接照明（灯泡色LED）	■站在玄关时，视线高度会随着地板的高低落差而变化，就算将光源藏在悬挂式橱柜的底部，也可能会无意间被看到	■在玄关收纳等柜台上方摆设鲜花等装饰品的场合，可以装上照亮这些物品的光源 ■有些家具会在开门的同时让光源亮起，将内部照亮

2

创造气氛良好的空间

「各个房间」内部

装潢的实践技巧

LDK

Public

委
托
人
对
于

L
D
K
的
要
求

在思考内部装潢的时候，必须了解最近的委托人对于 LDK 各个空间要求的倾向。

客厅是用来休闲的空间，主要是先生比较会关注的空间，太太对此处较不关心。主要的需求，是放置大型沙发或影音设备的收纳空间。要是预算不足，设置一个铺有榻榻米的小空间，也能达到某种程度的机能。

厨房主要是属于太太的空间。除了料理之外，大多还会提出要在此使用电脑，有如个人房间一般的机能。先生对于厨房不大会关心。就像这样，夫妻关注的焦点明确的分离，客厅跟厨房的大小还有资源的分配，将由两者关系上的强弱来决定。

餐厅是上述两者的中间领域，先生跟太太都会使用，也能成为小孩读书的场所。是家人使用频率最高、逗留时间最长的地点。

因此在思考 LDK 的设计时，以使用频率最高的餐厅为中心来进行，会比较容易整合。不要让思考被局限在用餐的空间，饭后的休闲、稍微使用电脑的作业等等，要以多机能性的空间来看待。如果规模较小，也能兼具客厅的机能。

具体来说，首先很重要的一点，是跟庭院连在一起。比方说设置可以直接进出庭院的落地窗，试着去思考怎样将室外融入内部的空间。视线延伸到室外，可以打造出让人放松的场所，将出入口完全打开，还可以当作内外一体的空间来使用。另外也建议使用大型的桌子，除了用途多元，还可以成为家中的象征。

掌握这些要求，再来整合内部装潢的机能或主题，应该就可以抓住委托人的心。

跟露台连在一起的客厅兼餐厅，可以让人感受到宽敞的气氛，还能在室外享受餐点。

厨房大多设有太太专用的读书空间。上网找食谱也很方便。

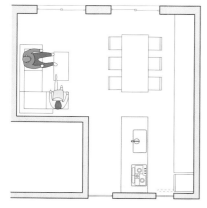

基本上会将餐厅摆在厨房与客厅之间。让厨房的位置无法直接被客厅看到，比较容易得到沉稳的气氛。

带有影音设备的客厅则是先生所要坚持的场所。餐厅是大家聚集的空间，摆上一张尺寸较大的桌子，用餐之外还能读书或作业，思考时要将此处当作家的中心。

LDK 的内部装潢 要以整体来思考 创造出宽敞的气氛

LDK 连在一起，拥有整体空间结构的建案，基本上会让房间的境界变得模糊，来创造出宽广的气氛。

宽广的气氛会受到厨房位置的影响。Ⅰ型厨房是最为开放的设计，跟餐厅完全融合在一起。让厨房的收纳延伸到餐厅内，强调两个空间的连续性，就机能性来看也能提高收纳的灵活性，方便使用不容易散乱。岛型厨房也容易产生一体感。柜台跟厨具融合在一起，在机能方面也跟餐厅相连。与此相比，Ⅱ型厨房跟餐厅的连续性就比较弱。

要强调一体感，室内表面的材质也很重要。基本上得让各个房间的表面，使用共同的材质。因为成本等其他理由，而改变一部分的材料时，也要调成同样的颜色来装到同一个平面上。墙壁是熟石膏而天花板是压克力乳胶漆、墙壁是压克力乳胶漆而天花板是油漆风格的壁纸等等，都不容易形成异质的气氛。另外则是木头地板铺设的方向，如果是跟走廊相接，必须以走廊为主，并且整合露台。

◉ Ⅰ型厨房

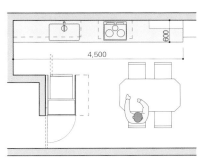

位在客厅旁边的Ⅰ型厨房。虽然会从背后看到厨房，但却可以得到精简的结构。也能将餐厅的桌子摆在比较近的距离。

◉ 岛型厨房

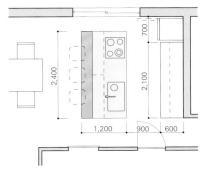

同时也能当作轻食柜台的岛型厨房。做菜的时候可以观望到客厅跟餐厅，掌握家人的动向。厨房要是无法维持清洁，会对装潢造成不好的影响。

◉ Ⅱ型厨房

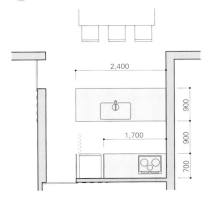

面向拥有挑高构造之客厅兼餐厅的厨房。挑高构造连到楼上的卧室，更进一步提高家族的连带感。

要有效活用 LDK 必须要有对应
各种行为的照明计划

✿ 聚光型崁灯

将主要照明关掉，只点亮收纳跟壁龛的间接照明及聚光型崁灯的客厅兼餐厅。平时会点亮天花板的卤素光源投射灯，作业时可以用荧光灯的间接照明，来将整个房间照亮。

在客厅使用气氛沉稳的崁灯。餐厅兼厨房则是使用演色性较高的卤素光源投射灯。前方用来工作的空间，在天花板设有荧光灯的间接照明。只将必要的场所照亮，可以形成阴影让内部装潢得到延伸出去的感觉。

✿ 投射灯

可以享受家庭剧院的这个客厅，在背后设置有间接照明，天花板则装设可照亮手边的崁灯，可以透过调光来得到适当的亮度。

✿ 崁灯

虽然都称为 LDK，要在哪个空间进行什么样的行为，会随着居住者来变化。另外，最近同一个场所常常会有多种用途。规划这种空间的时候，必须掌握各个部分所会进行的行为来设置照明。

LDK 的照明必须细分化

让我们从厨房开始观察，首先是砧板的上方，在这上面大多装有悬挂式的橱柜。使用菜刀时，将整个作业用的面积照亮会比较好进行，因此可以在悬挂式橱柜的下方，装上荧光灯。荧光灯另外还有散发热量较低，对食材影响较小的优势。要是没有装设悬挂式的橱柜，可以从天花板用投射灯照亮。卤素灯泡也值得人推荐，它可以让食材看起来更加漂亮。

瓦斯炉上方用来照亮的，是装在抽油烟机内的防湿型崁灯。卤素灯泡在此一样值得推荐，它可以将锅内照得非常清楚。另外，无法承受高温是 LED 的缺点之一，不建议装在抽油烟机内。

厨房同时也是太太用电脑来上网，或是用手机发送邮件的场所。作业桌或柜台桌常常兼具这些用途，可以在上方装设崁灯。如果让悬挂式的橱柜延伸到餐厅，也可以在橱柜底部装上壁灯，并在下方摆上作业用的柜台桌。

餐厅是家族使用频率最高的空间。一个家庭如果是用跟厨房相连的柜台桌来用餐，可以在柜台桌上方使用投射灯。柜台周围大多与作业的空间相邻，能够按照用途来改变照射方向的投射灯非常的方便。

客厅的照明

设置场所	目的	适合的灯具、光源	采用时的注意点	其他
天花板	■ 用沉稳的气氛来照亮房间的重点	■ 崁灯	■ 天花板内侧要有可以装设照明的空间 ■ 为了避免天花板太过杂乱，必须整理照明的位置来进行排列 ■ 不适合透天等天花板太高的空间	■ 装设位置要考虑到烟雾警报器等其他天花板的设备，尽可能的整齐 ■ 天花板不装设照明也是方法之一 ■ 为了防盗，有时会设置无人开关（时差开关）跟 LED 照明
墙边	■ 宽敞的呈现空间 ■ 照亮绘画等装饰	■ 间接照明（灯泡色荧光灯） ■ 洗墙式落地灯	■ 装设间接照明时，必须注意墙角或照明器具不可以被看到，不可形成明确的光影，且灯泡要容易交换 ■ 会突显墙上的凹凸跟质感，必须注意墙壁表面的施工品质	■ 表面有特殊感触的灰泥墙等等，表面完工的质感越好，照出来的效果就越佳 ■ 加装调光机能，可以调整亮度跟气氛
地板	■ 可以按照气氛改变房间的气氛	■ 地板式台灯	■ 事先想好摆设照明的地点来装设插座	■ 灯具本身可以成为装潢的一部分来享受
桌子上沙发附近	■ 照亮手边跟脸部	■ 桌上型台灯 ■ 投射灯	■ 设计时必须顾及家具的位置 ■ 附近要是没有墙壁存在，则必须考虑地板插座或家具上的插座	■ 要是具有调光机能，则可以对应看电视、影音视讯、读书、休闲等各种用途，还可以创造出不同的气氛

餐桌上方的照明

设置场所	目的	适合的灯具、光源	采用时的注意点	其他
天花板	■ 照亮空间又不让人感受到灯具的存在	■ 崁灯	■ 天花板内侧要有可以装设照明器具的空间 ■ 不适合透天等天花板太高的空间	■ 客厅与厨房等空间如果相连，必须注重空间的连续性
餐桌上方	■ 照亮料理跟脸部	■ 吊灯 ■ 投射灯	■ 设计时必须顾及餐桌的位置 ■ 吊灯要考虑照明器具跟餐桌是否搭得起来，顾虑到大小跟装设高度、形状的均衡性 ■ 如果要装设重量比较重的枝形吊灯，必须强化天花板的基本结构	■ 餐桌上建议使用可以让料理看起来更加美味的卤素灯泡

厨房周围的照明

设置场所	目的	适合的灯具、光源	采用时的注意点	其他
天花板	■ 手边或餐具橱柜的内部等等，将必要的场所照亮	■ 崁灯 ■ 天花板灯 ■ 投射灯	■ 照亮砧板表面跟手边 ■ 天花板灯这些从天花板表面凸出的器具，要注意不会干涉到家具的门 ■ 为了让光线抵达餐具橱柜的内部，装设位置必须多下点功夫	■ 崁灯的位置如果能配合收纳柜门的间隔，则比较容易让空间得到清爽的感觉 ■ 能够改变照射场所跟数量的投射灯相当方便
吊挂式橱柜的下方作业台的墙壁	■ 将手边照亮	■ 手边灯（细长的荧光灯等等）	■ 挑选细长的灯具，以免存在感太过强烈，隐藏在吊挂式橱柜的门后面	■ 吊挂式橱柜下方的手边灯，可以装在前面一点的位置，让做菜时手边可以被照亮
抽油烟机内	■ 照亮瓦斯炉上正在料理的食材	■ 防湿型落地灯	■ 避免使用怕高温或不容易清理的灯具	■ 市面上的抽油烟机大多已经装有照明

　　用餐桌来用餐的家庭，虽然也能使用崁灯，但桌子的摆设位置容易在生活之中改变。就这点来看，灯用轨道跟投射灯的组合虽然方便，但投射灯对比较强，不适合用来打扫。对此所能推荐的，是将天花板照亮的间接照明。用柔和的光芒将照亮广大的面积，就算桌子的位置多少有所偏移也可以对应。另外，吊灯这种照明，严格来说属于装潢用的器具。就机能性来看并没有特别的需求存在。

　　客厅是观赏影音视讯或读书的场所。只要照亮手边即可，基本上会使用崁灯＋间接照明。为了让人放松，要注意不可以让光源被看到。双方都要使用调光器，来创造出沉稳的照明环境。把光量调低的色温度，可以增加沉稳的气氛。

厨房照明的重点在于对小细节的执着

厨房周围照明的案例

装在抽油烟机内的崁灯。防湿型，光源使用卤素灯泡。

抽油烟机内的白热灯泡，吊挂式橱柜的下方装设手灯的荧光灯。荧光灯不会发出高温，适合装在调理台的上方。

双色卤素灯泡的投射灯。演色性高，又能改变照射的方向，适合厨房、餐厅使用。

也有考虑到照亮墙上的磁砖跟厨房用的各种道具。

餐桌上方设有使用反射灯泡的吊灯。

厨房使用 LED 的崁灯。餐桌上方则设有吊灯。

对于厨房的照明进行补充。首先是抽油烟机内防湿型的崁灯，如果要廉价且造型良好的话，选择的空间并不大。虽然不是给抽油烟机使用，松下电器的 LGW 72202 值得令人推荐。可以选择广角照明的款式，来将瓦斯炉周围全部照亮。光源适合使用 60 型 40 瓦。

作业的空间并不适合使用落地灯。光线来自于正上方，会让手边形成阴影。最好用投射灯以倾斜的角度照射。投射灯可以调整角度，不论惯用左手还是右手，都可以配合。最好是明暗落差比较小的广角型。光源使用双色卤素灯泡。必须注意的是光源所发出的热度，尤其是天花板高度较低的时候。但使用 LED 的替代商品正迅速普及，光源热度的问题应该可以得到解决。

橱柜下方所使用的荧光灯，是细长型的 24 瓦、灯泡色。就像这样，厨房的基本是用投射灯来组合荧光灯。

另外，半岛型或岛型厨房位在柜台上方的照明，虽然也能使用投射灯，落地灯跟反射灯泡的吊灯也值得令人推荐。反射灯泡的光线较为柔和，扩散范围比较广，天花板也能稍微被照亮。灯具较大不会让人感到眩目，光源的成本也不高。

◉ 切换厨房周围墙壁的案例

厨房墙壁的表面使用强化玻璃与压克力乳胶漆，装上木制的置物架来当作缓冲地带。

在餐厅与厨房的表面装上餐具用的橱柜，还可以从橱柜将隔间用的拉门拉出来。

将厨房摆在餐厅的深处，装上透明的毛玻璃来当作区隔，让空间跟表面材质的变化得到缓和。

照片内的案例使用壁面加工过的防草布跟不可燃美耐板，两者以相似的颜色装在同一个面上来化为一体。

◉ 切换厨房周围地板的案例

厨房地板涂上褪光聚氨酯的案例。跟其他上有护木油的部分，在厨房柜台的位置交接。

◉ 岛型厨房的注意点

岛型厨房的场合，虽然没有墙壁表面的问题，但周围必须要有充分的空间。

厨房周围会用到水、火、油等物品。表面完工的材质跟客厅等其他房间相比，必须要有更高的性能。因此在流理台或瓦斯炉前方，改变墙壁素材。就设计来看，我们并不希望材质的变化被人察觉。在此介绍几种可以使用的手法。

第一种是像上方照片这样，用家具来敷衍切换部位的方式。在两者之间插入不同机能的要素，让切换的部位变得暧昧。

第二则是像中间左边的照片这样，将厨房摆在格局深处的方法。只要无法从餐厅看到切换的部位，就不会被人意识到材质的变化。

第三则是像下方照片这样，采用岛型的设计来降低墙壁的要素。但厨具周围必须要有足够的空间。

第四是像中间右边的照片这样，使用同样颜色的材质，在同一个平面上进行切换的手法。

关于地板的木材，则可以让客厅或餐厅的材质直接延伸过来。只是白木会让污垢变得较为明显，如果委托人打扫的频率低，可以在作业的部分涂上聚氨酯。涂料所形成的膜厚的落差，没有想象中的那么明显。海棠木跟柚木等颜色较为深浓的木材，污垢不会那么明显，不需要特殊的处理。

厨房

Public

让厨房周围表面材质
自然地转变来维持室内的一体感

用量身打造的厨房

调和内部装潢

现场打造厨房的设计重点

（岛型厨房的参考案例）

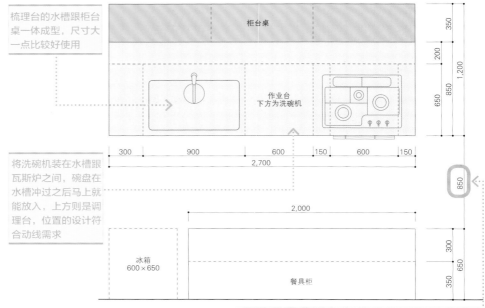

○ 平面图（S = 1:50）

梳理台的水槽跟柜台桌一体成型，尺寸大一点比较好使用

柜台桌

作业台
下方为洗碗机

350
200
650 | 850 | 1,200

850

将洗碗机装在水槽跟瓦斯炉之间，碗盘在水槽冲过之后马上就能放入，上方则是调理台，位置的设计符合动线需求

300 900 600 150 600 150
2,700

2,000

冰箱
600×650

餐具柜

300 650
350

厨具与背面餐具柜之间的宽度，1 个人使用为 800mm 左右、多数人使用则须要 900mm ～ 1 m 左右

设有柜台桌，也能用来享用简便餐点的岛型厨房。背面设有餐具、家电用品的收纳柜。这种设计对客厅跟餐厅特别的敞开，可以更进一步强调一体感，但同时也得注意清洁方面的问题。

　　大多数的厨房，都会采用系统厨具。但如果要在内部装潢与他人有所区别，建议还是选择现场打造的方式。第一个原因在于成本。现场打造的厨房，跟系统厨具相比成本竞争力较高。本书所介绍的厨房的价位在 100 万～ 150 万日元左右，相当于等级居中的系统厨具。考虑到量身订制这项附加价值，以及跟内部装潢化为一体的优势，还有委托人的高满意度，建议可以参考本书的照片来尝试看看。

作业台表面要将不锈钢或可丽耐 * 当作标准

　　决定要现场打造的时候，在此要建议大家的，是先决定作业台表面的材质。个人所要推荐的是乳白色的可丽耐，或毛丝面加工的不锈钢。这两样受到许多委托人的喜爱，机能性跟设计性也都很好。

　　人造大理石可以选择白色以外的颜色，或是可丽耐以外的产品，但最好要坚持是甲基丙烯酸酯树脂的制品。聚酯树脂的人

＊　美国杜邦公司制造的人造大理石。

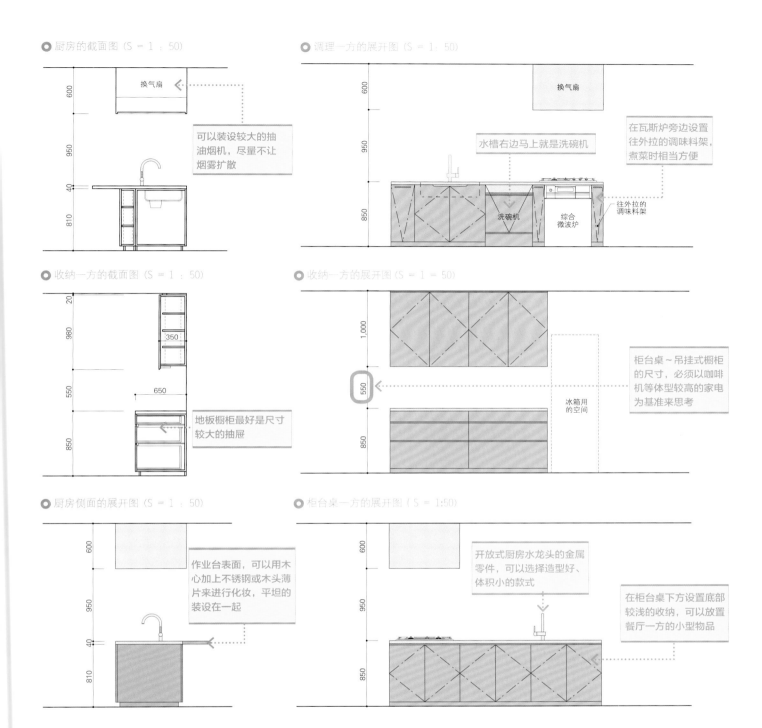

● 厨房的截面图（S = 1∶50）

600
950
40
810

换气扇

可以装设较大的抽油烟机，尽量不让烟雾扩散

● 调理一方的展开图（S = 1∶50）

600
950
850

换气扇

水槽右边马上就是洗碗机

在瓦斯炉旁边设置往外拉的调味料架，煮菜时相当方便

洗碗机

综合微波炉

往外拉的调味料架

● 收纳一方的截面图（S = 1∶50）

20
980
550
850

350
650

地板橱柜最好是尺寸较大的抽屉

● 收纳一方的展开图（S = 1∶50）

1,000
850
550

冰箱用的空间

柜台桌～吊挂式橱柜的尺寸，必须以咖啡机等体型较高的家电为基准来思考

● 厨房侧面的展开图（S = 1∶50）

600
950
40
810

作业台表面，可以用木心加上不锈钢或木头薄片来进行化妆，平坦的装设在一起

● 柜台桌一方的展开图（S = 1∶50）

600
950
850

开放式厨房水龙头的金属零件，可以选择造型好、体型小的款式

在柜台桌下方设置底部较浅的收纳，可以放置餐厅一方的小型物品

造大理石，不论是机能还是外观都无法让人推荐。另外，不锈钢最好要有 1.2mm 以上的厚度。敲打时的感触会大幅提升，形成高级的气氛。

　　乳白色的可丽耐跟不锈钢的作业台表面，会改变空间的气氛。可丽耐比较属于各种状况都能使用的材质，不论什么样的空间，都能融入气氛之中。虽然也得看设计，大多给人女性柔和的感触。但如果地板为海棠木或胡桃木等较为厚重的材质，则轻盈的存在感反而会太过突兀，搭配不起来。如果要使用在厚重的空间，最好还是选择天然的石材。

　　不锈钢的作业台表面，比较容易形成男性的感触。特别是跟松木还有杉木等休闲气氛的地板材质搭配时，注重机能性的感觉会一口气的提升。反过来如果搭配海棠木或胡桃木等厚重的材质，则相对性的强调坚硬质感的印象。使用 3mm 厚的不锈钢板，可以空间本身得到高级的气氛。

　　再来则是厨房收纳的表面材质，基本上会跟家具还有门窗使用同样的颜色，不然就是明确地形成落差，两者选一。

　　不过从最近的倾向看来，让颜色形成落差的案件似乎有在减少（印象不会变模糊的程度）。比方说表面使用橡木、柳木系统之颜色的案例有在增加，却会调整为看起来已经用过一段时间的色泽。

往上提升一个层次
现场打造厨房的秘诀

⚙ 不锈钢作业台

○ 作业台的造型图（S=1:2）

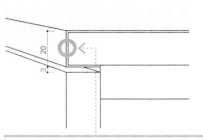

SUS-HL（毛丝面不锈钢）要弯成 20 mm 的厚度，盖上 18mm 厚的合板。隔上 3mm 的间隔来将门装上。R（弧）的去角跟垂直的沟道，不要有会比较清爽。

20mm 厚的 SUS-HL 作业台，跟全艳聚氨酯涂料的家具所构成的厨房。作业台表面不会太厚，给人尖锐的印象。

⚙ 人造大理石的作业台表面

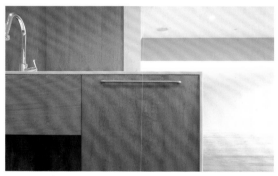

12mm 厚的人造大理石的作业台板，跟椴木合板以及 OSMO 涂料的家具所组成的厨房。侧板也是人造大理石，拥有相当的分量，却又同时给人细腻的感触。

○ 厨房的造型图

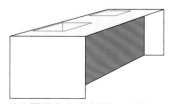

垂直面跟作业台表面、水槽都用人造大理石来一体化，给人艺术品一般的印象。

人造大理石的黏合与加工比较简单。若是活用此优点，而设计出符合人体工学的造型，做菜就更有趣了。

○ 作业台周围的造型图（S=1:2）

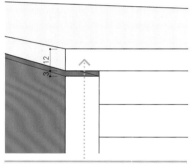

直接给人看到人造大理石那 12mm 的厚度，隔上 3mm 的间隔来装上门板。边缘的 R（弧）不要有去角跟垂直的沟道会比较好

接着来介绍，让现场打造厨房的设计，往上提升一个层次的手法。第一点是作业台表面边缘的装设方式。如果像左图这样使用可丽耐，可以直接让人看到作业台表面的厚度。如果是不锈钢或木造材质，则选择 20mm 左右的厚度。

使用可丽耐的时候，有一项技巧可以活用材料的特征，来提高设计性。那就是活用黏结性来一体化。像照片这样，让作业台的表面跟水槽、侧板化为一体，可以得到很好的效果。让侧板直接与地面接触来进行装设，也是其中一种方式。

另外，如果要在厨具设置柜台桌，延伸出来的宽度最少要有 30 cm，才能让人坐下来用餐。

收纳部分的要素尽可能地减少，精简地整合在一起。比方说吊挂式的橱柜要省略把手、握把，在门的下方设置手可以勾住的造型来取代。而厨具的门则是使用造型简单的不锈钢把手，大多还可以用来挂毛巾。

另外，插座基本上会装在墙壁或挡板上。调理器具不会插着不管，顶多两个插座就够。

水槽的水龙头大多采用鹅颈的制品，但最近常常被抱怨会溅水。似乎是因为出水口的位置比较高，水花也比较容易溅起。特别是出水口偏外侧的制品会比较容易出现这个现象。因此岛型厨房会使用出水口比较小，且水龙头朝下的类型。

✿ 在 U 型半岛的厨房设置读书空间的案例

◉ 平面图（S=1:100）

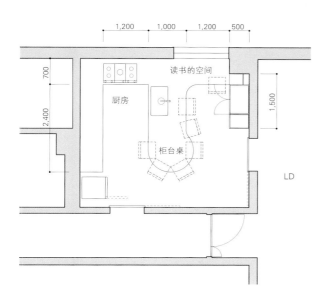

柜台桌以人造大理石来得到一体性的造型。虽然另外设有餐桌，但柜台也有可以享用简便食物的桌子，把前端设计成圆形来对应人数的变化。

✿ 在 I 型厨房设置半岛型餐桌的案例

◉ 平面图（S=1:100）

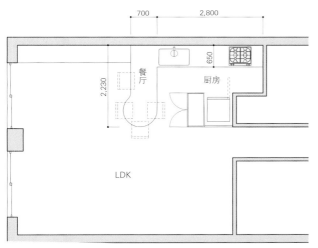

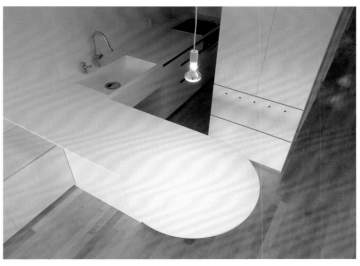

也能当作配膳台、拥有机能性的设计、可以不用设置其他餐桌等等，整合成精简的构造。

比方说 AVA（日本 KWC 公司的制品）厨具系列所使用的冷热水混合的水龙头，出水口较低且面对下方，值得令人推荐。

半岛型是主张较为强烈的厨房

　　接着来看厨房的排列方式。如果是「要让人看到的厨房」，岛型的构造会占用周围太多的空间，可以采用半岛（peninsula）型的两排厨房。此时厨房最小的尺寸为宽 2400mm × 深 750mm(瓦斯炉、洗碗机 600×2mm、水槽 900 mm、调味料架 150×2mm、上方的吊挂式橱柜)。像介绍案例这样，跟柜台桌融合在一起的类型，可以在柜台的造型下点功夫，强调存在感来成为空间的点缀。

● 降低收纳的高度，以长度来增加收纳空间

高度 650mm 的客厅收纳。顶部材质是跟地板相似的柏木工程木板。一部分用来放地面型的冷气。将家具门板的尺寸统一，以连续性的方式排列，可以形成井然有序的空间。

● 收纳空间不够时，追加吊挂式橱柜

在柜台收纳的上方装设吊挂式橱柜，将两者之间当作间接照明来使用的案例。墙壁阻挡的感觉消失，虽然多装了一层橱柜，却给人较为宽敞的感觉。内部放有家庭剧院用的设备。

将客厅设计成可以观赏影音视讯、放松与休闲的场所时，最好下功夫来减缓不自由的感觉。有效率地将影音设备或其他软体收纳在现场打造的家具内等等，尽可能减少家具所造成的压迫感。

间接照明的重要性

基本上会像上方照片这样，降低收纳的高度。也具有电视柜的机能。收纳容量不足的场合，则可以追加吊挂式橱柜。吊挂式橱柜的上下尺寸要在 60cm 以下，像下方照片这样将两者中间空出来，不要给人狭窄的感觉。

在吊挂式橱柜的底部设置间接照明。照明的效果，可以让墙壁视觉性的阻挡变得比较暧昧。间接照明的光源，虽然价位比较高，建议使用连续型长条荧光灯。光线连续没有间断，且可以调光，容易得到良好的演出效果。将来也能使用条状的高亮度灯泡色 LED。

另外，如果要用来收纳影音设备，则不要装上门板，以避免收不到遥控器的讯号。如果加装遥控器的讯号接收器，则装上门也不会有问题，外观的设计也比较容易整合，但精通这方面技术的电气施工业者并不多。

以敞开的方式来进行收纳时，内部表面可以使用深灰色的聚酯树脂合板，让线路不会太过显眼，或是跟板材使用同样的颜色。此时要在横的方向开孔来让线路通过，并且在遮盖用的横木加装插座。现场打造的家具会将墙壁遮住，忘记这点的话，吸尘器等家电使用起来会比较不方便。

客厅

Public

降低客厅家具的高度
来维持宽广的气氛

🌀 柜台桌 + 吊挂式橱柜的收纳案例

从厨房到客厅兼餐厅，让收纳一体化的案例。

左侧有影音设备等较多的收纳物品，越是往右，跟餐具有关的收纳物品就越多。中央则被当作书房来使用，有文具等日常性的杂物。

🌀 设置精简的把手

 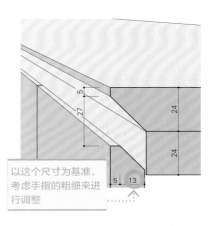

家具把手的设计，不会让人察觉到表面板材的厚度或是有把手存在。

以这个尺寸为基准，考虑手指的粗细来进行调整

🌀 百叶的涂漆技巧

最后来看门板材质。如果全部都涂成同样的颜色，可以选择MDF（中密度纤维板），但这种材料的吸收性并不均衡，必须用溶剂性的密封材料来防止吸收。只是住宅的作业现场无法使用气味强烈的溶剂性密封材料，充满灰尘的环境也不适合进行涂布，必须在工厂加工。

反过来看，如果采用染色等活用木头纹路的表面加工方式，为了统整家具的门板跟门的颜色，最好是在现场进行涂装。虽然涂装的环境不佳，但家具跟门板、木头薄片等购买途径各不相同，也只能在现场调整以统整颜色。

除此之外，跟收纳一体成型的柜台、冷气遮罩等等，以图与照片对应的方式整理在本页之中。

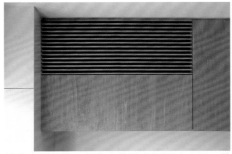

某个在吊柜的一部分上装设空调百叶出风口的案例。下方形成收纳空间。

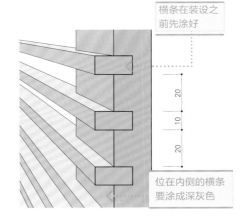

横条在装设之前先涂好

位在内侧的横条要涂成深灰色

🌀 遮盖用的横木可以隐藏插座

在家具遮盖用的横木装设插座。外表不会显眼，可以装在许多地点。

🌀 涂成白色可以显得更加清爽

用油性涂料来涂成白色的案例，降低光泽来跟厨房的人造大理石搭配。

窗户将会影响内部装潢给人的印象

隐藏窗户外框的技巧

○ 窗框周围的平面图

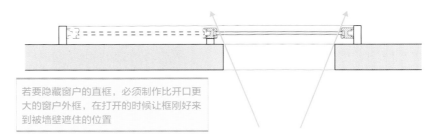

若要隐藏窗户的直框，必须制作比开口更大的窗户外框，在打开的时候让框刚好来到被墙壁遮住的位置

○ 窗框周围的截面图

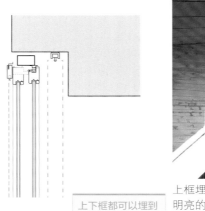

上下框都可以埋到地板跟天花板内。让埋入的上框兼具窗帘轨道，可以顺利地得到整合

上框埋在天花板内的案例。天花板与天空相连，给人明亮的印象。在夏天容易将热空气排出。

将所有外框都埋在天花板内的案例。给人地板和墙壁连在一起的印象，内部装潢也得到宽敞的气氛。

　　窗户是装潢无法忽视的要素之一。除了取景等位置上的问题，窗户外框的细节，也是影响一个空间印象的重要因素。

　　虽然也得看设计的方向性，但地板、墙壁、天花板等要素如果被窗框、门窗外框阻断，就会成为空间在此被区隔开来的印象，让宽敞的气氛受损。以不让室内看到的手法来处理这些要素，是设计的基本方向。

　　较为一般的，是像图跟照片这样让天花板或地板往内凹陷，并将外框埋在此处的手法。如果是用落地窗来连到室外露台等构造，统一地板跟露台的高度，可以得到连续性的外观，形成宽广的气氛。

　　以统一的尺寸来制作特制的铝制外框或木造门窗，减少外框或纸门纵向的线条，也是有效的作法。但制作木造门窗虽然比较容易，尺寸较大的场合，长期下来是否可以维持气密性跟开合的操作性，要连同户袋＊的构造一起好好检讨。

　　另外，跟外框搭配的纱窗，最好使用装在内部的隐藏式构造，一般的纱窗会有横杆存在，变得较为嘈杂。

＊ 户袋：防雨窗套（安设在檐下走廊边上的）收放板窗的缝隙。

私人空间的格局以酒店作为范本

接下来说明浴室、洗手间、卧室等私人空间。关于这些空间，建议可以参考都市酒店的机能性。

近几年来在各个国家出现的都市酒店，从简洁的动线跟维持隐私等机能性设计来看，以及浴室跟洗手间所带给人的休闲气氛等装潢设计面来看，都经过详细的规划，有许多值得参考的部分。

不少委托人都曾经在旅行的时候体验过这些空间，在初期讨论的时候，拿出这些酒店来当作设计主题，已经成为日常。以这种趋势来看，掌握都市酒店的倾向来当作设计时的手牌，绝对派得上用场。

另外，考虑到差别化，融入这些酒店内所能看到的要素，可以积极地将焦点移到浴室跟洗手间来进行提案，进而成为一种优势。

一体成型的卫浴 (unit Bath) 跟洗脸台的价格，因为通路网站的发达，对委托人来说已经不再是秘密，对工程行来说也不再是可以「偷工减料」的对象。因此现在正是值得考虑将这些设备转换成现场制作的时期。

● 用腰墙来区隔洗手间跟浴室

用腰墙让洗手间跟浴室缓缓地连在一起的案例。另外还有强化玻璃等区隔方式，融入洗手间来形成宽广浴室的案例不在少数。跟居住空间一样宽广明亮，也有不少委托人直接要求洗手间跟浴室要一体化。

● 用玻璃区隔洗手（洗脸）间跟浴室

用腰墙或强化玻璃来进行区隔，将洗脸台也融合在一起，形成宽广的浴室。就算没有装玻璃门，也能以位置排列的方式对应，用低成本来实现。

● 在大型的洗脸台 设置两个洗脸盆

早上忙碌的时候，希望能够一起洗脸。或是跟先生使用不同的洗脸盆等等，不少委托人会提出这种要求。

浴室、洗脸、厕所整合在一起的卫浴。如果是用强化玻璃来区隔，让墙壁跟天花板采用同样的材质，可以更进一步增加房间的一体感。

照明

私人空间的照明
戏剧效果非常重要

洗脸台、脱衣间

在洗脸台三面镜子的上下设置间接照明，被照亮的镶嵌磁砖可以成为空间的点缀。

浴室

浴室的照明会用卤素灯泡来照亮地板跟浴缸。白色浴缸内摇晃的水面被卤素灯泡照亮，形成美丽的效果

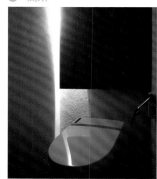

厕所

利用门板拉开时，收纳侧面的缝隙来装设间接照明。

更衣间

更衣间内的照明。用裸露灯泡的吊灯让所有方向都可以被照亮，撞到也不容易破裂。

走廊

等间隔排列的走廊照明。考虑落地灯排列的间隔，让天花板也得到设计性。

卧室

天花板的崁灯，床头板内侧的间接照明，另外还有台灯与读书灯。

都市酒店的舒适性，在于精心整理过的设计、充实的设备与机器、齐全的照明演出。以放松为第一优先的私人空间，休闲性的戏剧效果也是重要的「机能」之一。

首先是洗脸台的照明，主要照明会使用落地灯。以60～100cm的间隔来设置。理想的状况是脸部左右各有一盏。间隔越短，空间所能得到的亮度就越高。可以分成洗脸台前方、洗衣机前方、通路等三个部位，使用起来会比较方便。使用三面镜子的时候，用迷你灯泡的间接照明将镜子前方照亮，可以让脸看起来更加漂亮。

厕所普遍的照明为50瓦的落地灯一盏，加上收纳下方的迷你灯泡。后者虽然只是为了演出效果，委托人却也相当的喜爱。

卧室一样会以崁灯为主。8到12张榻榻米的房间，两盏60瓦的白热灯具就已经足够。如果在床的旁间加上间接照明，看书跟看闹钟会比较方便。灯具也可以是LED的台灯或可以转动的灯具。

浴室的照明不要使用装在墙上的壁灯，要装在浴缸跟洗身体的空间上方，光源为卤素灯泡的防湿型落地灯。闪烁的水面非常美丽。今后应该也可以选择LED。

○ 洗脸台的照明

设置场所	目的	适用灯具、光源	采用时的注意点	其他
天花板	■ 收纳跟洗衣机内部等等，将必要的场所照亮	■ 崁灯 ■ 天花板灯	■ 必须考虑换气扇的位置来进行调整 ■ 注意不可以跟事后装设的烘干机互相干涉到	■ 要注意照明的角度跟位置，让洗衣机内部可以被看清楚
镜子两旁	■ 将脸部照亮	■ 壁灯（灯泡色～书光色）	■ 一边观察镜子，一边找出脸部不容易出现阴影的位置跟数量 ■ 只使用书光色会让脸部变得苍白	■ 如果像女演员的化妆镜那样，装上许多白色灯泡，容易在夏天变得太热 ■ LED 或荧光灯的演色性有时会比较差
吊挂式橱柜的下方	■ 照亮脸部跟手边	■ 家具用的崁灯 ■ 裸露式照明	■ 就算是用隐藏的方式将灯具装在吊挂式橱柜的底部，有时也会被镜子照出来，必须以实际使用的视线来调整位置	■ 墙壁也会跟着被照亮，要考虑到表面完工的状况

○ 浴室照明

设置场所	目的	适用灯具、光源	采用时的注意点	其他
天花板	■ 照亮空间的同时又不让人察觉灯具的存在	■ 防湿型崁灯（卤素灯泡）	■ 天花板内侧必须有装设灯具的空间 ■ 调整位置的时候必须考虑到换气扇或浴室的暖气、除湿机等设备	■ 在浴缸的正上方装设卤素灯泡，因为水而摇晃的光线非常的美丽
墙壁	■ 照亮脸部跟身体，让空间明亮起来	■ 防湿型壁灯	■ 让磁砖的区隔线对准照明的位置，会比较容易整合出清爽的空间 ■ 注意不可以被门或淋浴的水碰到	■ 会在浴室刮胡子或检查体型的人，跟镜子一起装设，使用起来会很方便 ■ 施工时将台座隐藏起来，看起来会比较漂亮

○ 厕所的照明

设置场所	目的	适用灯具、光源	采用时的注意点	其他
天花板	■ 照亮空间的同时又不让人察觉灯具的存在	■ 崁灯	■ 天花板内侧必须有装设灯具的空间 ■ 必须考虑换气扇的位置来进行调整 ■ 在深夜如果太亮，会让人失去睡意 ■ 必须在打扫时让人看到房间的角落	■ 洗手台附近，必须要有可以补妆的亮度 ■ 如果会在此看书或报纸，必须要有充分的亮度 ■ 有些案例会采用自动开关的动态感测器
墙壁	■ 成为空间的点缀，或是取代天花板的照明来将空间照亮	■ 壁灯	■ 因为是较为狭小的房间，要注意是否会撞到头，或是撞到门	■ 天花板无法装设照明的时候，可以考虑将照明装在墙上
现场打造的收纳等	■ 有访客时或是当作常夜灯，长时间发出温和的光芒	■ 间接照明（灯泡色 LED）	■ 可以跟厕所卫生纸的收纳一起规划 ■ 开关跟主要照明装在不同的位置，以免不小心去按到	■ 除了主要照明之外，要是有随时都点亮的辅助性照明，可以防止客人来临时，找不到开关的位置乱摸墙壁

○ 卧室的照明

设置场所	目的	适用灯具、光源	采用时的注意点	其他
天花板	■ 照亮房间重要部位的同时，又不让人察觉灯具的存在	■ 崁灯	■ 天花板内侧必须有装设灯具的空间 ■ 装设的位置与排列方式必须经过整理，以免天花板形成杂乱的感觉 ■ 躺在床上的时候，光源不可以进入视线内	■ 不要在天花板装设照明也是一种方法 ■ 要是有衣柜存在，必须要有充分的亮度，让人在这附近挑选洋装
墙壁	■ 成为空间的点缀	■ 壁灯	■ 设计时要顾及床铺或橱柜等家具的位置	■ 也能当作常夜灯，光线柔和的辅助性照明
地板	■ 随着心情来改变房间的气氛	■ 地板式台灯	■ 事先想好摆设灯具的位置来装设插座	■ 灯具本身也能当作装潢的一部分来享受
床铺附近	■ 照亮手边 ■ 当作常夜灯使用	■ 摆在桌上的台灯 ■ 壁灯	■ 设计时要事先决定床铺的位置 ■ 要可以在床铺附近开关	■ 除了当作常夜灯之外，要是可以让人在床上看书，将会非常的方便 ■ 也能在墙上设置壁龛，装在此处来成为间接照明

将浴室跟洗脸台连在一起的设计案例

○ 将洗衣机、洗脸台、浴缸排成一列，尽头为坪庭的案例

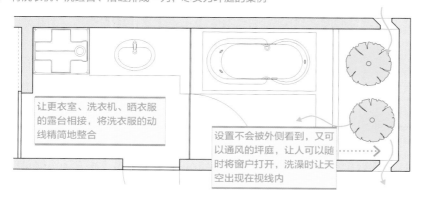

让更衣室、洗衣机、晒衣服的露台相接，将洗衣服的动线精简地整合

设置不会被外侧看到，又可以通风的坪庭，让人可以随时将窗户打开，洗澡时让天空出现在视线内

○ 将大楼房间改成浴室的案例

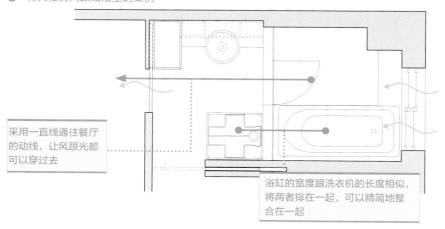

采用一直线通往餐厅的动线，让风跟光都可以穿过去

浴缸的宽度跟洗衣机的长度相似，将两者排在一起，可以精简地整合在一起

○ 将洗脸台、厕所、浴室精简整合的案例

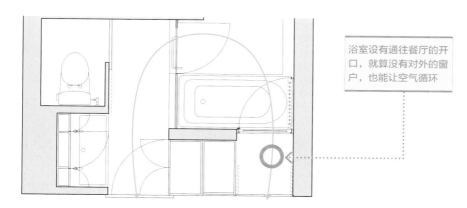

浴室设有通往餐厅的开口，就算没有对外的窗户，也能让空气循环

　　酒店般的卫浴设备所拥有的特征之一，是洗脸台跟浴室一体成型的开放感。应用在住宅的场合，放洗衣机的场所跟会被水弄湿的空间加大，让人担心打扫可能需要更多劳力。对此，我们采用左图这样的方式来进行连系。

表面材质的连系方式

　　计划案的内容请看左图，在此将说明把浴室跟洗脸台当作同一个空间时，表面材质连系在一起的方式。

　　首先是关于基层构造的防水。浴室的防水大多采用纤维强化塑胶(FRP)，建议跟洗脸的空间一体成型的实施 FRP 防水。如果能将延伸到天花板的整个墙面都进行涂布，则可以让漏水的机率大幅降低。

　　再来则是墙壁，最简单的是让洗脸的空间，使用跟浴室相同的表面材质。但磁砖或石头等浴室的表面材质大多比较昂贵。若想调整预算，可以将玻璃门当作切换材质的境界，让表面的材质转换，并且将颜色统一，以免破坏同一个空间的气氛。洗脸台的空间如果采用涂漆，将异质材料组合在一起的作业也较轻松。

　　地板材质大多不会相同，但浴室地板如果采用卫浴专用的软木垫，则属于例外。

卫浴设备

让浴室与洗脸台融合形成舒适的空间

洗脸台跟浴室地板的表面

◆ 只有玄昌石

洗脸台～浴室地板的表面为玄昌石，墙壁则是大理石。尽头是用来换气跟采光的坪庭。

◆ 软木砖 x 板岩

洗脸台的地板为软木砖，浴室地板到门槛的部分使用灰色板岩，软木跟异类的材质很好搭配。

◆ 只有软木砖

从浴室到洗脸的空间都使用软木砖的案例。也被用来栓酒的软木塞拥有耐水性，冬天不会太冷，脚底感触柔软，相当受到好评。

用玻璃区分浴室跟洗漱台的空间

洗脸台的地板也能使用软木垫（洗脸台使用的是一般室内的软木垫）。浴室的地面如果是石头或磁砖，洗脸台的空间如果能使用装在地板下的电热器，则同样的材质也没关系，除此之外，则是让客厅或走廊地板的木材延伸过来。

关于天花板，浴室的天花板大多是经过涂布的纤维强化水泥板或矽酸钙板，洗脸的空间也是使用同样的材质。浴室涂漆的规格，建议使用防水性好、表面质感佳的弹性瓷砖＋褪光处理。施工业者如果不习惯这些技术，最好还是选择弱溶剂类的VP（乙烯树脂涂料）。板材的接缝要进行密封处理，涂漆结束之后再来密封会比较确实。

另外，玻璃门的价格在30万日元左右。还要加上搬运跟吊入时的损坏「保险」，是相当昂贵的材料。但那视觉性的效果仍旧非常具有魅力。条件较为严苛的酒店也有采用，涂上专用的玻璃涂料可以让保养变得比较轻松，值得令人推荐。

◆ 用强化玻璃的袖墙跟合页来装设玻璃门的案例

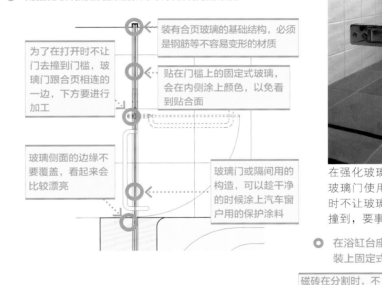

装有合页玻璃的基础结构，必须是钢筋等不容易变形的材质

为了在打开时不让门去撞到门槛，玻璃门跟合页相连的一边，下方要进行加工

贴在门槛上的固定式玻璃，会在内侧涂上颜色，以免看到贴合面

玻璃侧面的边缘不要覆盖，看起来会比较漂亮

玻璃门或隔间用的构造，可以趁干净的时候涂上汽车窗户用的保护涂料

在强化玻璃的袖墙，装上给强化玻璃门使用的合页。为了在开门时不让玻璃门合页一边的下缘去撞到，要事先设计好造型。

在浴缸边缘的台座装上固定式的强化玻璃。将强化玻璃埋入磁砖缝隙里，可以得到清爽的外观。

用强化玻璃来区隔洗脸台跟浴室。

◆ 在浴缸台座跟墙壁装上固定式强化玻璃的案例

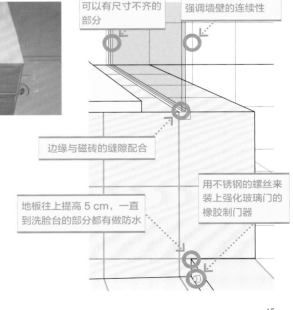

磁砖在分割时，不可以有尺寸不齐的部分

跟墙壁装在同一个面，强调墙壁的连续性

边缘与磁砖的缝隙配合

地板往上提高5cm，一直到洗脸台的部分都有做防水

用不锈钢的螺丝来装上强化玻璃门的橡胶制门器

洗脸台的各种效果手法

用镜子、照明、洗脸盆

打造酒店般的洗脸台

整个正面全都装设镜子的案例

用 1 m 宽的洗脸盆装设 2 个水龙头的案例

让两个人同时使用的洗脸台，这种要求不在少数。若想在洗脸盆装设 2 个水龙头，最小的宽度为 1m。

镜子与天花板相接，形成空间连在一起的印象。重点是镜子不可以有接缝或外框。

在细长的镜子两旁设置灯丝管

镜子的宽度只要有 15 cm 以上，就能将整个头部照出来。也能刻意使用细长的镜子，来提高设计性。

在玻璃洗脸盆的内侧设置照明的案例

如果是玻璃等透明的洗脸盆，也能照亮内侧来成为一种照明器具，得到良好的戏剧效果。

以特殊的方式来打开的洗脸台收纳

洗脸台旁边是小型物品的收纳，深处则是毛巾的收纳，下方用来放打扫用具，依照用途来改变门板开合的方式，使用起来会很方便。

也可以将放置吹风机、大条毛巾的家具，装在洗脸台旁边。

洗脸台旁边的大型收纳

　　都市酒店用来洗脸的空间，兼具机能性与设计性，是值得效法的优点。首先是洗脸盆，最好是有两个。家中成员如果是年轻世代，早上的行动可以更有效率，就算是 60 岁前后只有两个成员的家庭，也还是会有「希望能有自己专用洗脸盆 (不想跟配偶共用)」的要求。当然的，这在演出方面也能形成高级的气氛。

　　让我们来看看让两个洗脸盆排在一起的最小尺寸。较为小型的洗脸盆直径为 30cm，30cm×2=60cm。墙壁跟洗脸盆、两个洗脸盆之间的间隔为 20cm，所以是 20cm×3=60cm。60cm+60cm，总共需要 120cm 的宽度。另外，洗脸盆的宽度如果在 1 m 以上，则可让两个人并排在一起使用。此时可以装上两个水龙头，以较低的成本来得到两个洗脸盆的方便性。

　　洗脸台的设计，比较常见的是将 CORIAN 当作柜台表面的材质，加上 CORIAN 的洗脸盆来一体化的手法，以及摆在、埋在木制的柜台内等等。此时，柜台一般是用合板贴上木头薄片来涂上聚氨酯涂料，或是用相接的木材加上聚氨酯涂料。

　　如果不坚持于洗脸盆的数量，将柜台桌、洗脸盆一体成型的陶瓷洗脸盆装到墙上，是非常简单的手法。陶瓷的抗水性强，

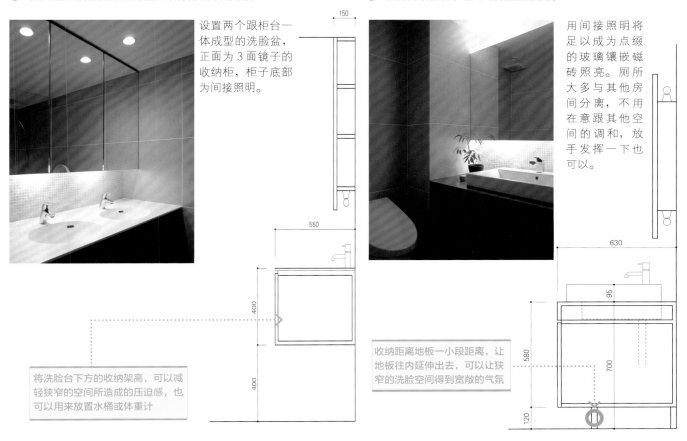

设置两个跟柜台一体成型的洗脸盆，正面为 3 面镜子的收纳柜，柜子底部为间接照明。

用间接照明将足以成为点缀的玻璃镶嵌磁砖照亮。厕所大多与其他房间分离，不用在意跟其他空间的调和，放手发挥一下也可以。

150

550

400

400

将洗脸台下方的收纳架高，可以减轻狭窄的空间所造成的压迫感，也可以用来放置水桶或体重计

630

95

580

700

120

收纳距离地板一小段距离，让地板往内延伸出去，可以让狭窄的洗脸空间得到宽敞的气氛

尺寸丰富且价格低廉，就算成本不高也可以采用。

　　另外，洗脸台的下方敞开，看起来会比较清爽。但完全敞开会让水管露在外面，给人太过僵硬的感觉。用距离地面 20 ～ 30cm 的高度，来装设上下 40 ～ 50cm 左右的收纳，感觉会比较均衡。

用镜子来赢得信赖

　　镜子也是重点，用镜子覆盖整面墙壁也是一种手法。就算尺寸较大也能形成宽敞的气氛，让人可以毫不犹像的采用。玻璃制的镜子，宽 1m x 高 1.2m 以下的话，要取得并不困难。镜子那 5mm 的厚度跟装潢用的磁砖相同，洗脸台的墙壁如果是使用磁砖，则可以形成平坦的表面。固定方式，是将馒头一般的专用粘着剂暂时贴到墙上，然而将镜子压上去让粘着剂延伸。这种方式相当的牢固。另外，镜子跟墙壁还有天花板的相接处，必须采用密封处理。

　　反过来，也可以使用宽 150 mm 左右的细长镜子。只要距离 30 cm 以上，就算宽度只有 15cm，也能将脸部完全照出来。如同左页中间左边的照片，用好莱坞风格的灯具，从两旁将细长的镜子照亮，化妆时非常得好用。

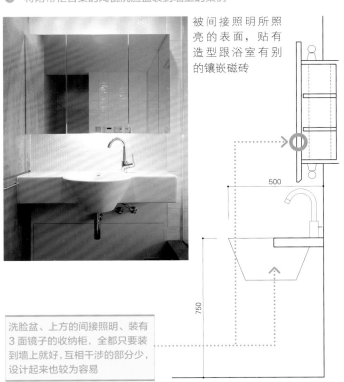

被间接照明所照亮的表面，贴有造型跟浴室有别的镶嵌磁砖

500

750

洗脸盆、上方的间接照明、装有 3 面镜子的收纳柜，全都只要装到墙上就好，互相干涉的部分少，设计起来也较为容易

如何打造
如酒店般的厕所

▌让厕所空间力求精简的技巧 ▌

● 平面图（S = 1:50）

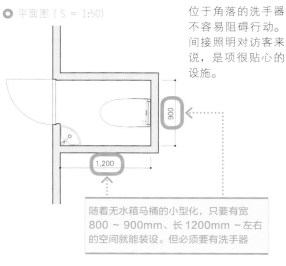

位于角落的洗手器不容易阻碍行动。间接照明对访客来说，是项很贴心的设施。

随着无水箱马桶的小型化，只要有宽800～900mm、长1200mm～左右的空间就能装设。但必须要有洗手器

● 截面图（S = 1:50）

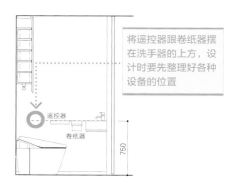

将遥控器跟卷纸器摆在洗手器的上方，设计时要先整理好各种设备的位置

● 截面图（S = 1:50）

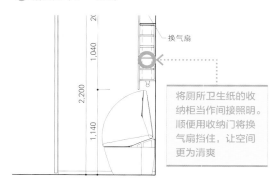

将厕所卫生纸的收纳柜当作间接照明。顺便用收纳门将换气扇挡住，让空间更为清爽

有时也会须要把手，必须考虑装设的位置与质感。

精简的洗手器，同时设有放置毛巾或小型物品的柜台。

厕所是用来发挥创意的空间。因为空间狭窄，就算比较讲究，对于成本的影响也不大。属于完全独立的房间，不用考虑跟其他空间的统一性，可以使用只属于厕所的颜色，也可以尝试照明所带来的演出效果。「当作款待客人的空间的一部分」只要跟委托人这样讲，比较讲究的设计也容易得到许可。

首先是墙壁跟天花板的表面，考虑到气味的问题，建议使用矽藻土等灰泥的材质。这些跟照明也很好搭配。地板采用木头也可以，但如果有小孩容易弄脏，也可以考虑容易保养的石头。

最近厕所的主流是使用无水箱的马桶，但另外要有洗手的设备。洗手器可以装在马桶前方，不会妨碍出入口的门的位置。遥控器、卫生纸的卷纸器、吊毛巾的架子则可以全部整合在洗手器的前方。装设高度基本上会跟洗手器的顶端凑齐。

另外，换气扇跟管线用的风扇，要尽可能隐藏起来，绝对不可以被看到。门跟天花板之间的空隙只要有2cm左右，就能得到换气效果。在收纳下方装设间接照明，会较容易营造气氛。

可以缓和卧室气氛的小技巧

○ 卧室不放太多家具

卧室不要放置橱柜等家具，顶多是摆上收纳箱。透过更衣室来得到清爽的感觉。

○ 摆在窗边柜台与床铺之间的收纳

在床边收纳另一面的下方装有抽屉，可以放许多书籍。

○ 使用具有除湿、除臭机能的表面材质

卧室的表面材质，最好是使用热石膏等除湿、除臭效果良好的灰泥墙。

床边的收纳可以放置闹钟跟书本等物品。采用穿透性的构造来得到适当的光线。

卧室的用途非常多元。有些人会将此处当作个人房间来使用，但我个人认为，这个房间应该是可以好好休息的空间。

选择卧室表面材质的时候，可以用两种方式来思考。第一是当作LDK 的延长，另一种则是当作关起来的房间，使用与其他空间截然不同的气氛。不论是前者还是后者，都要选择除湿性高的建材，以免湿气转移到床铺上。混入幼沙的熟石膏跟矽藻土等材质，对于灰尘有吸附的性质，还具有隔音效果，包含罹患气喘的委托人在内，得到很好的评价。

就效果来看，如同酒店内所能看到的，可以在床头板背后的墙壁，使用不同的色彩来当作点缀。这是想要改变卧室的气氛时，非常有效的作法。另外，如果只是用来当作睡眠的场所，天花板高度较低也没关系。

🌸 在卧室内设置 更衣室（WIC）的案例

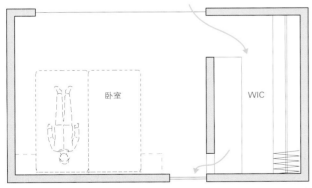

要提高通风，还是要提高气密性来防虫，都会影响到结构的方向性。有时也会在更衣室的入口装上玄关锁，旅行等外出的时候当作金库使用。

更衣室要开还是要关

卧室的另一个重点，是如何与更衣室（WIC）相连。基本上，委托人如果会用化学药品来驱虫，那就用门来跟卧室区隔。 如果没有的话，则将门省下，采用开放性的设计，使用起来也比较方便。有些委托人会将此处当作金库使用，必须要有可以上锁的构造。

卧室

以表面材质与收纳技巧 打造令人放松的卧室

让木头的设计更加时髦！

修缮出有品位的木造空间
如何有效使用 [椴木合板] 5

锻木合板的价位恰到好处，是装潢设计最常使用的材料。
表情比贴上板材更加温和，可以实现充满品味的自然空间。
在此用 Chitose-Home 的两间展示屋当作范本，介绍怎样漂亮地使用椴木合板。

1 从设计的阶段就进行分配

使用椴木合板的时候，设计上最让人费神的作业是「分配」。本案例特别强调横的接缝，所有接缝都调整在同样的高度。因此在进行分配时，除了天花板的高度之外，还要连厨房柜台跟电视架的高度也一起纳入考量。

2 用不同的素材来形成对比

与其所有墙壁都使用椴木合板，不如以特定的法则来组合不同的素材。在本案例之中，与室外相邻的墙壁使用白色的壁纸，内部区隔的墙壁则使用椴木合板。照片是玄关大厅跟餐厅。

3 重点在于如何呈现接缝

在本案例中，横向的接缝全部相隔 4mm 的距离。接缝的间隔与板材的厚度相同，可以形成美丽的外观。相反的，纵向的接缝全都是让板材紧密地贴在一起。能否让接缝美丽地被呈现出来，全都得看施工的精准度。

「Jupter Cube L」

○ 厨房柜台的贴合状况
（S = 1 : 5）

190
95.5 | 94.5
5
4
椴木胶合板⌀4
基层合板⌀4
PB⌀12.5
* 胴缘⌀15
120
柏木
面板⌀3
基层合板⌀4
PB⌀12.5
胴缘⌀15

柜台顶部使用柏木，侧面为5 mm，缝隙则是 4 mm。

* 胴缘：将板材贴上时，用来承受的基层材料，底材；胶合板心板；横筋。

拍摄：石井纪久

4 和室天花板也能使用

椴木合板的木纹笔直且质感细密，也适合搭配和室。在这栋「JUST 201」，与客厅相邻的和室天花板，使用跟客厅一样的椴木合板来当作表面材质，让空间得到连续性。因此与其说是和室，比较属于地板高出一层的小型空间。

「JUST 201」

和室没有装设和风拉门的壁橱，而是使用椴木合板的橱柜，没有设置手把，用磁铁吸附的门扣来对应。

统一使用椴木合板来当作收纳柜的门

5

玄关橱柜的门板，跟客厅收纳的门一样，在表面使用椴木合板，让空间得到连续性。

所有墙壁都使用白色壁纸的案例并不罕见。遇到这种状况时，可以让收纳的门板统一使用椴木合板。在本案例之中，和室的收纳与客厅壁龛下方的收纳、玄关收纳的门都使用椴木合板，来成为空间的点缀。另外，同样的表面材质断断续续地连在一起，也可以让空间产生连续性。

千锤百炼的内部装潢
值得推荐的配件

「Kamiya Full Height Door」(神古 Corporation)

从地板延伸到天花板，可以完全贴合、给人清爽印象的全高门。天花板高度以订制的方式，对应 2600、2400、2100mm 的尺寸。毫不起眼的门框让空间得到连续性。想要实现高格调又老练的内部装潢，提升室内门板的等级，也是一种方式。

───── Data ─────

「Jupiter Cube L」
建筑面积：85.84m²
地板面积：153.01m²
价　　格：2,200 万日元（包含阳台工程）
规格：内部装潢（壁纸 1000 单位、椴木合板缝隙间隔 4mm+PB12.5mm 基层构造）、地板材料（Live Natural）

「JUST 201」
建筑面积：67.65m²
地板面积：124.65m²
价　　格：1,430 万日元（含阳台）
规格：室内墙壁（壁纸 1000 单位）、地板（橡木、实木地板 +「Kiriuka」涂料）、天花板（椴木合板缝隙间隔 4mm+PB 12.5 mm 基层构造）

所 在 地：宫崎市
构　　造：木造轴组架构法
设计、施工：Chitose Home（Four Sense 代表公司）

更加积极地使用"美丽的颜色"！

如何不花大价钱来提升品位
[色泽、花样]的搭配方式 **6**

就算使用种类繁多的颜色和花样，也能整合出清爽又自然的空间。
Moco House 的展示屋，就是用这种充满自然的空间，来掌握参观者的心。
让我们来看看在该公司进行设计的瑞典建筑设计师 Thomas Beckstrom 的搭配手法。

1 用深色的地板来当作「色盘」

要运用种类丰富的色彩，并不是件简单的事情。没有调整均衡的话，会让空间失去沉稳的气氛。这栋建筑，在 1 楼地板使用松木跟深棕色的涂料。用沉稳的颜色来成为基本架构，让地板成为「色盘」。在这上面加上丰富的色彩，也比较容易维持均衡。

从客厅连到 2 楼的透天楼梯，将面对大门的墙壁涂成水蓝色。

2 将彩度较低的色彩
用在通往大门的墙壁上

住宅这种小型空间，会让许多墙壁出现在视线内。因此在分配颜色的时候，也会以墙壁为中心。大多数的委托人都希望能有明亮的空间，所以会选择亮度较高的颜色。若是使用复数的色彩，则要考虑到统一性，基本会选择彩度较低的颜色。另一点则是让赋予颜色的墙壁，在排列时拥规则性。在本案例之中，以面向大门的墙壁为主。另外，将面向深处的墙壁跟天花板涂成白色，可以让有颜色的墙壁跟白色的墙壁、天花板形成对比，突显出色彩的效果。

3 让墙壁的色彩以
「外飞地」的方式越境

将墙壁的颜色，以较小的面积用在别的场所，也是有效的作法。就算区域被分隔开来，以同样的法则来运用色彩，可以让设计主题以「外飞地」的方式扩散到各个角落。本案例用绿色的地毯与和室水蓝色的凹间来提升效果。

厕所的墙壁涂上红褐色油漆

4 让木材适时发挥它的功能
涂上颜色润饰

本展示屋以适度的木质感而呈现淡雅的理由之一，在木材上涂上各种颜色为其重点。其一是除了发挥木材的效果之外，还有一个重点就是墙壁。涂漆的墙壁有洗脸台、厕所及卧室。由于这些地方并不是主要的空间，所以不用在意空间的连续性，而且也增加了涂漆的乐趣。此外、就算涂漆也能传达木材的特质，所以并不会失去「木之家」设计风格。

家中各个部位都有活用纺织品。利用倾斜屋顶（屋顶隔热）的小孩房的衣橱门（左）、小孩房跟书房的区隔（中）、玄关鞋柜的门（右）。全都是在 IKEA 以数千日元 /m 的价位购买。

和室凹间使用 Ougahfaser（德国以碎木片制造的壁纸）跟水蓝色涂料。这个颜色，表现出日本传统色彩的蓝白＊。此处一样是用纺织品来取代壁橱的纸门。

食品储藏室的区隔也是使用纺织品，跟正面斑点花纹的镶嵌磁砖搭配，非常值得参考。

5 价位低廉又能发挥绝佳的效果！
活用纺织品

给大片面积配色，上漆是有效的作法，但如果要更进一步增加色彩的细节，则必须踏入「花样」的领域。而这正是纺织品（布料、编织品）的强项。复杂又有规律的组合各种色彩，善加利用可以一口气提升居家气氛。本案例之中，除了厕所跟浴室之外，一般门板来区隔的部分，全都使用 IKEA 所制造的低价位纺织品。跟门板相比价位低廉，种类也非常丰富，要是看腻了还可以自己寻找喜欢的花样来换上，机能方面也没有什么问题。

6 利用家具来成为点缀的颜色

红色跟橘色等暖色系的颜色，很容易吸引人的视线。光是在狭小的面积使用这些颜色，就能成为空间的点缀。以家具或小配件的方式来摆设，也非常有效。在本案例之中，餐厅的椅子虽然是红色，但是跟绿色、水蓝色的墙壁重叠，看起来就像是分散在空间内部，为室内增添一份色彩，生活的乐趣也更加提升。

＊进行蓝染的时候，第一道工程所能得到的淡蓝色（几乎接近白色）

Data

「榉木板之家」
设计、施工：Moco House
建筑面积：76.10m²
地板面积：115.50m²
规　　格：室内墙壁（Ougahfaser、聚氯乙烯壁纸、松木）、地板（赤松、实木地板 30mm 厚）

瑞典的建筑设计师 Thomas Beckstrom，活用单边倾斜的屋顶，打造了这栋附带阁楼的木造 2 层楼建筑。隔热性、气密性全都属于最高等级（Q 值 1.4W/m2·K、C 值 0.1 cm²/m²）。只用 1 台给 9 坪（1 坪 =3.3m²）空间使用的冷气，来涵盖家中所有的空调机能。采用将整栋住宅当作大型客厅来待的「One Living Space」思想，尽可能地排除门板跟区隔物。

玄关
Entrance

气氛良好的玄关

重点在「往内拉」

玄关
门牌
信箱
门铃
步道
900
斜坡

若是无法往内拉进去，可以采用倾斜的入口，来得到设置通道的空间。以植物当作围墙的场所，只要有大约 150 mm 的宽度，就可以种上充分的植物

🌸 位在道路旁边无法往内拉的玄关通道

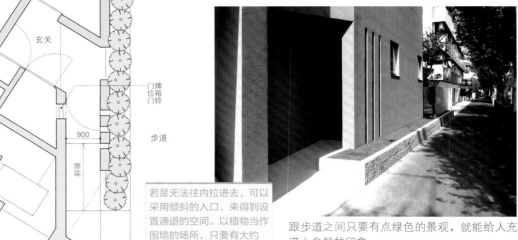

跟步道之间只要有点绿色的景观，就能给人充满大自然的印象。

🌸 比较可以往内拉的玄关通道

用没有设置围墙的开放性构造，将步道融入通道的空间。

不可以让家中被外侧看到。要设计成如果玄关前有小偷，可以从外侧看到的构造。

车辆的场合，可以不被雨淋到、不脱鞋子的从停车场移动到玄关、收纳，再来放东西

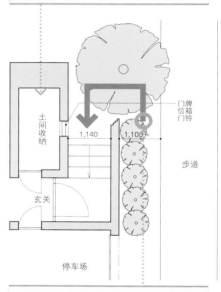

土间收纳
玄关
1,140
1,100
门牌信箱门铃
步道
停车场

从室外进入玄关时，用翼墙等构造来形成必须绕进去的动线，不论是外观还是心理上都可以得到沉稳的印象

在分配住宅的各个部位跟房间时，玄关受人瞩目的程度，仅次于建筑的外观。而玄关同时也是连接室内跟室外的地点，近几年来受到生活形态多元化的影响，玄关有时也兼具作业场所跟短期性收纳的机能。

气氛良好的玄关重点在于「往内拉」

不论是什么样的状况，都必须用跟通道的关系来思考玄关。首先是跟道路的位置关系，要是可以「往内拉」的话，基本上不会在用地边缘界设置围墙。可以像中间照片这样，大大方方地跟步道化为一体。

要是无法「往内拉」的话，就从道路的边缘往后退。只要有这 15cm 的空间，就能种植可当绿篱的植物，作为道路与建筑物间的缓冲，跟街上的关系也可得到明显的改善。让通道像上图跟照片这样转弯，以倾斜的角度来进入玄关，可得到节省空间的效果。

思考玄关与生活空间的关系，同时也是想办法不让家中被外侧看到。在设计上下功夫也可以，用鞋柜挡住视线也是方法之一。

通道跟玄关是公共与私人的境界，要是能巧妙地实现「对外开放的同时，也将内部关闭起来」，就能成为气氛良好、使用方便的场所。

在土间、入口挡板 ＊ 下功夫提升玄关气氛

⬤ 大理石的玄关土间

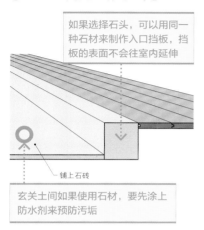

> 如果选择石头，可以用同一种石材来制作入口挡板，挡板的表面不会往室内延伸

铺上石砖

> 玄关土间如果使用石材，要先涂上防水剂来预防污垢

使用大理石的玄关土间，大多会装上同样材质的入口挡板。地板表面的材质是名为 Balsamo 的深褐色香木。

⬤ 陶砖的玄关土间

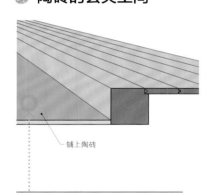

铺上陶砖

> 使用陶砖时，一样要先涂上防污涂料再来施工

用陶砖当作土间的地面，搭配松木的入口挡板跟室内地板的案例。除了松木之外，也常常跟蒲樱木等色泽明亮的地板搭配。

⬤ 洗石子的土间

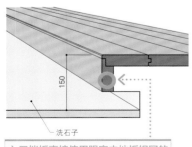

150

洗石子

> 入口挡板直接使用跟室内地板相同的材质，让外观得到统一。可以让高低落差的距离稍微增加，将入口挡板架高，让土间的地面延伸出去，或是在此装设间接照明

杉木的厚板跟洗石子的土间。直接跟室内的木头地板相连，成为乍看之下没有入口挡板的设计。

＊ 入口挡板：玄关内分隔土间与室内地面的垂直木板。

玄关是公与私的境界，身为屋外延长的土间，透过入口挡板来跟室内连系的场所。土间跟入口挡板，还有地板的材质，必须让室外跟室内可以缓缓地连系在一起。

在大多数的案例之中，会事先决定好地板的材质，此时要一并决定土间跟入口挡板的材质。左边的图跟照片，是比较常见的几种组合。

上方的图跟照片，是在土间使用大理石的案例，入口挡板一样也是选择大理石。跟入口挡板相接的室内地板，如果使用木材，必须是海棠木等较为厚重的品种，才有办法取得均衡。

除此之外，土间如果使用板岩或玉砂利（五色碎石）、陶瓦，入口挡板则可以选择跟室内地板同样的材质。陶瓦等具有质感的材料，跟松木还有蒲樱木等拥有明亮气氛的地板，相当容易搭配，可以形成休闲的气氛。五色碎石则可以形成和风的气氛，跟杉木还有日本落叶松很好搭配。此时，木材的节眼会比较多，不容易形成拘谨的气氛，像下图这样将入口挡板省略，可以实现清爽又现代的气息。

玄关
Entrance

不让人感到狭窄的
玄关收纳设计

用装饰柜跟间接照明，实现不会让人感到狭窄的玄关收纳

玄关收纳的表面材质，基本上要跟其他家具或门窗相同，以免家中给人不同的印象。为了不让狭窄的玄关造成压迫感，有时会跟墙壁化为一体或涂成白色。镜子直接贴上不要加框，可以让空间感变得宽敞。必须使用专门的粘着剂。

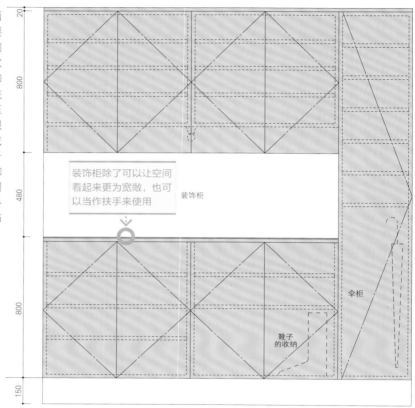

装饰柜除了可以让空间看起来更为宽敞，也可以当作扶手来使用

装饰柜

伞柜

靴子的收纳

鞋柜除了放一般的鞋子之外，还会用来放长靴跟雨伞等较长的物品。如果有相对应的活动柜，使用起来会相当方便。另外会将一部分改成抽屉，来放置钥匙跟零钱等小型物品。

玄关是连系室内跟室外的出入口，必须收纳的物品种类繁多、分量也不在少数。主要虽然是鞋类，但是从靴子到凉鞋、儿童鞋等等，尺寸并不一定。另外还会加上雨伞跟高尔夫球袋等比较长的物品，甚至是玩具。

除了思考怎样有效率的收纳这些物品，玄关同时也是款待客人的场所，要是装设大型的收纳用具，会增加压迫感而造成负面的观感。

为了降低玄关的压迫感，跟门一起涂成白色。

间接照明跟镜子的效果

为了达成这两项要素，通常会采用上图显示的这种手法。重点在于将收纳的中央打穿，并且将底部架高 20cm 左右（跟入口挡板同样的高度）。两者都设间接照明来缓和压迫感。间接照明的光源大多使用白色灯泡。

中央打穿的部分，拿来当作装饰柜。在此摆上花草或工艺品，可以表达迎接跟款待的心意。另外将装饰柜的顶部调整到手容易按住的高度，可以用来取代扶手。收包裹的时候，可以先把东西放在此处，使用起来相当方便。一样的，架高的部分可以用来摆凉鞋等日常所穿的鞋子。

门板的材质，基本上会配合生活空间的家具。当收纳完毕关上门的时候，为了不让门板的设计显得单调，不在门板上装设手把，而是以锥状的斜面取代手把。

就缓和压迫感的观点来看，仔细选择装设镜子的地点，是有效的作法。如同上方照片这样，不要使用外框将地板照出，可以形成宽敞的气氛。

3

设计外观的技巧

让住宅看起来更有魅力

让外观 时髦呈现 的技巧 9
——关键在于计划！

设计的品位先摆在一旁，精心策划且造型清爽的外观设计，一定会受到委托人的喜爱。
在此透过建筑设计师·石川淳先生的作品，来介绍不论哪种设计品位都能应用的「精简整合的手法」。

技巧 01

颜色统一为黑白

精简的极致是黑与白。调色跟表面完工的难度都不高，黑白色的外框也不难找。对于色彩没有自信的人，执行起来相当容易。石川先生大多会将黑色涂在木材上，跟素材的质感一起表现出来。

室内一样使用黑白色的法则，
更进一步强调统一感。

将木制的栏杆兼百叶、玄关门涂成黑色，来跟墙面形成对比的案例。黑白色的对比非常美丽。木材的质感也形成很好的效果（Y-SOHO）。

对低价位的住宅来说，外观设计起来相当困难。这是因为有限的预算，必须优先分配给机能与内部装潢。所以低价位住宅的外部装潢，在于如何用市面上的制品，来创造出自己的个性，结果 就只剩下去除各种要素，采用极为单纯的垂直面这个选择。在设计的时候，也要事先将这种垂直面纳入考量。

[市面产品的选择方针]

关于怎样活用市面上的产品，石川先生的论调非常简单。屋顶的材料为 COLOR BEST（没有石棉的屋顶材料）、Colonial（屋顶用的人造化妆板）。顶部跟边缘使用市面上的专用配件，在这个范围内尽可能地凑出计划中的尺寸。外装使用砂浆的基本层，喷上或用油漆滚涂上赖胺酸。考虑到施工的方便性，选择会因为骨干而多少产生一些凹凸的完工方式。不会指定特定的产品，让工程行使用自己最为习惯的材料。透过材料的选择，来避免难度过高的工程。

然后是门窗外框，一样选择市面上的产品，但是跟屋顶还有外墙不同，有一定的法则存在（参阅第 63 页的技巧 09）。特别是上下左右较为细长的长条形窗户。若是使用量产的造型窗户跟外框，马上就会出现建商所推动的建案的感觉。用适合这栋建筑的尺寸，来装上长条形窗户，才能展现出建筑设计师所设计之住宅，应有的品位与风格。

减少从正面
凸出的窗户

墙上的各个部位要是有不整齐的窗户往外凸出，会让外观变得杂乱。为了防止这点，正面外墙要尽可能地不使用窗户。基本上会将楼梯间或收纳、厕所等不需要窗户的房间集中在这里。

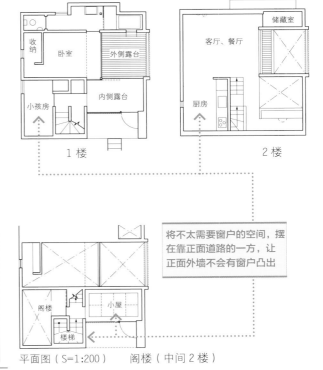

1楼　　　　　　　2楼

经过调整，正面没有任何窗户的案例（A 拍摄：上田宏）

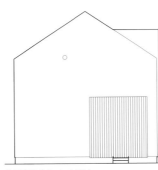

立面图（S=1:150）

平面图（S=1:200）　　阁楼（中间 2 楼）

> 将不太需要窗户的空间，摆在靠正面道路的一方，让正面外墙不会有窗户凸出

从侧面通往玄关

玄关大门存在感非常得强烈，且大多位在正面的外墙。要是可以在计划上进行调整，以侧面来通往玄关，则不用将玄关大门摆在正面，外观设计也变得比较轻松。

将玄关摆在正面以外的案例。从正面完全看不到玄关。

绕到侧面才会察觉玄关的存在。

平面图（S=1:200）1楼

2楼

阁楼

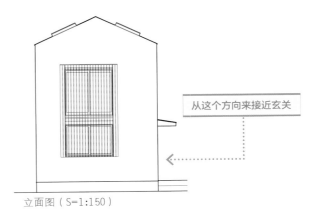

立面图（S=1:150）

> 从这个方向来接近玄关

技巧 **04**

将两种要素整合为一

窗户和玄关大门，要是非得摆在住宅的正面不可，把它们整合在一起是相当有效的手法。使用这种方式的时候，上下必须自然地连在一起，对于截面的设计要多下一点功夫。

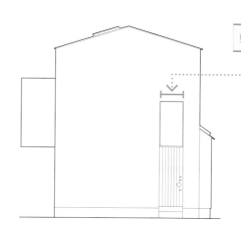

整合玄关跟 2 楼的小书房

将楼梯间摆在比较长的方向，来得到对比较高的墙壁

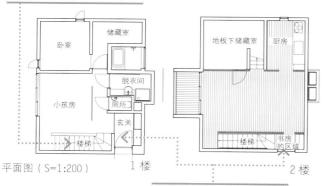

平面图（S=1:200）

1 楼

玄关大门与书房的小窗户在同一个位置上

2 楼

中间 2 楼

将玄关大门跟固定式的窗户连在一起，两者一体成型的案例。

技巧 **05**

将尺寸统一

当建筑物的正面，出现窗户等复数的要素时，可以将尺寸统一来得到一体感，这样也比较容易给人清爽的印象。用跟正方形较为接近的长宽比来进行整合，会比较容易得到整体感。

2 楼

以同样的尺寸，将门廊周围跟 2 楼固定式窗户统一的案例。(OUCHI-14)

平面图（S=1:200）

1 楼

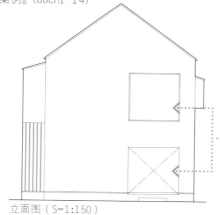

60

立面图（S=1:150）

门廊往内凹陷的部分，跟 2 楼窗户的大小几乎相同

包覆起来合而为一

用某种结构将正面的窗户包覆起来，也是有效的做法。利用阳台的围墙顺便将外来的视线挡住，是较为实际的手法。像本案例这样，跟玄关大门形成尺寸上的对比，也相当有效。

用栏杆兼百叶窗将1、2楼的阳台包覆起来的案例。

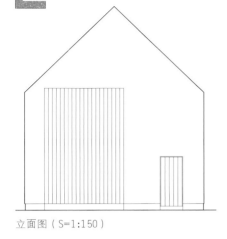

立面图（S=1:150）

将白天逗留时间较长的空间，整合在上下楼同样的位置，开口处也是一样

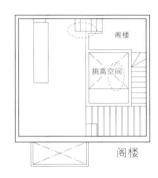

平面图（S=1:200）

［减少要素］

在此用设计上的方法论来看各个项目。

1. 颜色

首先是筛选颜色的数量。白底加上黑色，可以创造出明确的对比，整合起来也比较容易。白底的表面材质，在前面已经有提到（58页）。将黑色涂在木材表面也是重点之一。这样可以让木头的质感浮现在表面，给人良好的印象，随着时间的变化也比较自然。

这种手法的重点，在于减少颜色的种类，可以配合自己公司的风格来进行尝试，找出最佳的组合。但如果是用中间色来进行组合，必须要有素材的质感才能做美丽的呈现，这会让材料的成本增加，监理（管理）方面也必须更为谨慎。

除了黑白色之外，种类较少又比较容易成功的组合，有黑色或深蓝色加上木材质感、白色加上银色跟木材质感等等。

2. 窗户、玄关大门

会出现在外墙的要素，莫过于窗户跟玄关大门。要是在计划的时候，可以不让这些要素出现住宅的正面，立面的整合就会变得轻松许多。将楼梯间、橱柜、厕所等窗户较少、不需要窗户的空间巧妙的摆在正面外墙的一方，很自然的就可以减少窗户的存在。住宅用地如果朝北，这种方式整合起来应该会比较容易。除此之外，主张较为强烈的玄关大门，也要考虑是否可以装在正面以外的墙上。理所当然的，管线开孔跟冷气的冷媒管等设备，也都要一一下达指示，装在比较不显眼的外墙上。

［将要素整合］

在用地条件跟委托人的要求等限制之下，某些案例的窗户跟玄关大门一定得装在正面。此时可以用04～06的技巧来将这些要素整合。如果有多扇瞭望用的小型窗户或是换气扇，可以使用技巧04,如果2楼客厅必须要有阳台，则使用技巧06。无论如何都会有许多的要素出现，则可以运用62页的技巧07。

创造明确的凹凸

在正面外墙创造凹凸时，凹陷会比凸出更加困难。上下方向的距离若是没有超过楼层的高度，会让立面的均衡性变差，上方楼层的空间也会变得不三不四。计划时要格外注意。

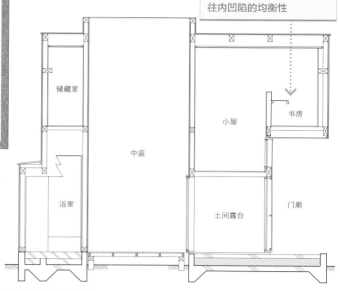

巧妙地融入天花板比较低也没关系的空间，来调整下方往内凹陷的均衡性

储藏室　书房　小屋　中庭　浴室　土间露台　门廊

断面图（S=1:100）

把天花板较低的书房，摆在凹陷部位上方的楼层，借此调整正面外墙的案例（拍摄：上田宏）。

整合缝隙上的墙壁高度跟建筑计划，形成均衡的造型

1 楼
储藏室　玄关土间　父母亲书房　父母亲卧室　父母亲客厅兼餐厅　光庭　木制露台

2 楼上层
小孩家庭书房　小孩家庭卧室　收纳

2 楼下层
小孩家庭客厅兼餐厅　小窗

平面图（S=1:200）

用倾斜的角度让墙壁插入

这是创造阴影的技巧之一。虽然不像技巧 07 般大量使用阴影，但如果能像本案例在造型简单的墙壁上发挥，就会产生效果。本技巧的重点在于调整高度与方向，并巧妙地使用错层的构造。

用倾斜的角度来设计通往玄关的通道，利用穿入外墙的翼墙来制造阴影的案例。

以近距离来看通道。穿入的翼墙比想象中的还要立体（OUCHI 拍摄：上田宏）。

让细长的墙壁穿过上方 2 个楼层，借此整合墙壁跟建筑计划的均衡性

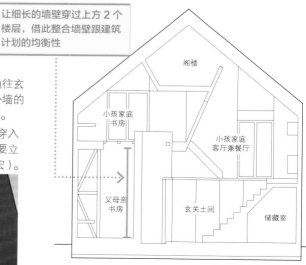

阁楼　小孩家庭书房　小孩家庭客厅兼餐厅　父母亲书房　玄关土间　储藏室

截面图（S=1:150）

立面图（S=1:150）

将市面产品分割来凑齐

上方的窗户是特别订制的固定式

整面墙壁的开口如果分成三面，可以使用较为方便的尺寸。外观也会比两面更加轻盈（OUCHI 拍摄：上田宏）。

本案例使用细长的固定式窗户。超过现场制作之尺寸的界限，以木框来进行装设（T−3g）。

● 纵向外推窗的范例（Tostem「DuoPG」）

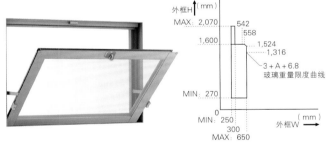

MAX：943
1,000
755
H基本寸法
MIN：240
500
361
MAX：1,692
MIN：350
785
500 600 870 1,000 1,240
W基本尺寸
（mm）

● 内倒窗的范例（Tostem「DuoPG」）

外框H（mm）
MAX：2,070 542
558
1,600
1,524
1,316
3＋A＋6.8
玻璃重量限度曲线
MIN：270
MIN：250
300
外框W
MAX：650

技巧 09

善用成品的窗户外框

基本上一般预算的住宅会使用市售的窗户。但是如果能够调整窗户的尺寸，就会大幅改变外观。上下细长的窗户外推、左右细长的窗户内拉，基本上大型窗户以 3 扇为主。

其中的重点，就如同各个技巧的注解所说明的，在于用截面思考。观察立面，如果要以整体的均衡为优先，必须让开口处等各种要素的高度，以及地板跟天花板的高度进行整合，并调整截面上的设计。这样虽然会提高设计的难度，但如果因为麻烦，就妥协于一般的地板高度跟尺寸，没有完全将要素整合，只将线条拉在一起或是两个窗户排在一起，气氛马上就会沦为一般量产性的建案，请务必要努力坚持下去。截面的变化同时也可以让内部空间拥有多元性的结构，让提案的水准确实往上提升。

[在要素加上阴影]

先将要素减到最低限度，再来强调各个要素，成为让人印象深刻的外观。此时相当有效的作法，是加上阴影。最好是大胆地形成凹凸。这种做法跟整合要素的技巧很好搭配，建议可以一起使用。就算使用这种技巧，还是得调整截面上的建筑计划，才能有效分配凹凸的位置。

[屋顶要灵活的调整]

最后是关于屋顶的形状，此处不会以立面为优先，而是将法规跟设计摆在第一。顺着北侧的斜线来决定倾斜角度，或是为了所设计的天花板高度采用角度尖锐的倾斜面等等，要配合各个案例的条件来决定。反过来说，只要用技巧 01 ～ 09 来整理各种要素，不论是哪一种屋顶，都可以得到均衡的外观。（大菅力）

现代和风
关键在于「木材的用法」

现代和风的重点，在于是否能透过「木材的用法」来表现出日式风格。
利用格子门跟树篱有效设计出和风的造型，是很重要的。

拍摄：山田新治郎

earth house

「Earth House·Concept House」

设计、施工：神奈川 Eco House（岸末希亚）
所在地：神奈川县 藤泽市
构造：木造轴组架构法
建筑面积：122.55m²
地板面积：158.99m²
价格：非公开

现代和风（Japanese Modern），是将日本自古以来的数奇屋＊或町屋＊与西洋设计理念的现代性 (Modernism) 相互融合的建筑。减少装饰的数量，实现精简设计的同时，采用切妻 (山形) 屋顶等日式传统建筑的代表性造型，木材、左官 (灰泥) 等和风材料也巧妙地融入其中，称得上是适应日本风土、所有日本人都能接受的设计。

其最大的特征，在于「木材」的使用方式。现代精简主义跟现代和风，都以现代主义的设计思想为基础，有时会变得相当类似，唯独在「木材」方面有着很大的不同。就算是同样的造型、同样的材质，只要装上木造的格子，和风的气息马上就会被强调出来。另外，贴在外墙的羽目板＊、真壁＊(或是现场制作的真壁风格的结构) 也都可以强调和风的气息。

就运用木材的含意来看，植栽 (园艺) 也很重要。日本传统树种的树干较细、上下比较细长，种在特定的部位可以强调和风的印象。

话虽如此，要创造出和风的气氛并不是件困难的事情。更加重要的是拥有现代性的设计。对于精简造型跟材料的坚持，比什么都来得重要。(编辑部)

＊ 数奇屋：与茶室融合的传统日式住宅。
＊ 町屋：町人〔江户时期住在町内 (市内) 的人们〕 的传统日式住宅。
＊ 羽目板：将木材连续贴在同一个平面的构造。
＊ 真壁：支柱裸露在外的墙壁。

01 降低建筑物的楼层高度

降低楼层高度，让建物整体的高度也跟着下降，可以一口气提升外观的均衡性。特别是跟倾斜屋搭配的时候，让2楼窗户框内的高度与屋檐的高度一致，就不会给人松散的感觉。

02 用刻画的深度来创造表情

对现代和风来说，屋檐下的空间所形成的阴影，是设计要素之一。对于建筑的外观，要尽可能的刻画出具有深度的造型。把阳台摆在外墙以内的部分让屋檐的距离加倍，车库还有门廊跟1楼融合在一起等等，都能有效的创造出阴影。

这栋建筑拥有非常巧妙的和风设计，让我们一边介绍11种设计技巧，一边说明其中的重点。

03 使用灰泥风格的外墙

和风的住宅，最适合跟涂上、喷上灰泥的墙壁搭配。如果使用干式的墙板来当作底层，可以用弹性塑土将缝隙填平，让外墙得到灰泥般的风格。

* 千本格子：间隔与木材都非常细的格子。
* 亲子格子：以一定顺序排列长短木材的格子。
* 炭屋格子：间隔较小、木板较宽，防止炭灰往外飞的格子。

04 在外墙使用真壁

在外墙使用真壁（或是设有装饰性的柱子，风格与真壁相似的墙壁）可以强调和风的气氛。为了避免成为民房的风格，此处只用七寸的柱子来形成纵向的线条。（1寸=3.33厘米，下同）

05 使用木造的直格栏

格子窗户是和风建筑代表性的结构之一，兼具实用性与设计性。尽量不要选择千本格子 * 或亲子格子 * 等表现太过纤细的款式，尽量采用构造精简的类型。此处使用木板排列而成的「炭屋格子 *」，能够防止车辆的灰尘跑到室内。

06

屋檐的边缘
看起来要薄一点

为了以轻快的气氛来展现出现代主义，可以让椽木边缘稍微降低一点，形成尖锐的造型。如果不想去动到屋檐，则可以让博风板的前端变细，让整个屋顶看起来更薄。

07

山形屋顶的倾斜
度在 3.5 寸左右

屋顶的倾斜角度如果太过陡峭，会成为乡下风格的建筑，稍微减缓属于京都风格，太过平坦则会失去和风的色彩。若要展现出现代风格，最好是在 3～4 寸左右。另外，现代和风的建筑，基本上会使用山形屋顶，但是用无殿顶来强调屋檐的水平线，也是现代建筑的表现手法之一。

08

屋檐下方原则
上是化妆底板

屋檐下方，原则上要使用化妆底板。椽木排列出来的节奏跟底板，可以产生和风的表情。使用厚度40mm 的化妆底板，可以在准防火地区使用。

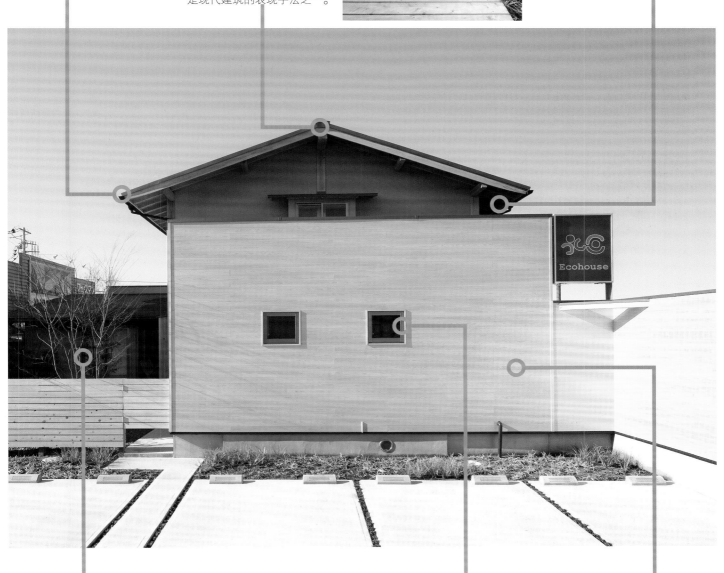

09

用植物来表现
和风的气氛

日本建筑跟庭院有着无法分离的关系，甚至可以说是「庭屋一如」。因此在表现和风的时候，植物是不可欠缺的要素。这栋住宅光是在这张照内，就可以看到桦树、白木、具柄冬青、松田氏荚迷等植物

10

留意
窗户的用法

双滑门的门窗，不论进出还是通风，都是很有效的「和风开口」，但重叠的两片外框有时却也让人感到厌烦。尽量使用可以呈现整面玻璃的外框，与其 4 面不如 2 面，与其 2 面不如 1 面。不只是双滑门，也会采用往外推的窗户。

11

使用
木板的外墙

贴上木板的外墙，可以创造出和风的气氛。重点是不可以像实接、德国墙板那样表面出现凹凸，要使用羽目板的方式。只让腰墙使用木板，这跟保护土墙的传统性设计有相通之处，一直到 2 楼 的外墙为止，最好可以贴上整面的木板。

用**立面图**来看现代和风的外观

北侧立面图（S = 1：200）

西侧立面图（S = 1：200）

南侧立面图（S = 1：200）

东侧立面图（S = 1：200）

跟 Simple Modern一样，尽量减少正面窗户的数量，是让外观得到现代感的关键。调整窗户的排列跟位置，把双滑轨的窗户摆在无法直接看到的位置等等，都可以让设计更上一层楼。另外，降低屋檐的高度，也是维持整体均衡所不可缺少的重点。

用**详细图**来看现代和风装设的感觉

⭕ **缩小椽木前端的截面**

如果用木造骨架的屋顶来跟室内搭配，母屋 * 最好要有一间（约 1.8 米）的间隔，因此大多会使用 45（40）X 105（100）mm 的椽木。可是这样会增加屋檐的厚度，为了让屋檐得到锐利的外表，可以缩小椽木的切口或遮鼻板 * 的尺寸

⭕ **让博风板的前端弯起**

要让所有的椽木前端变细，必须耗费很大的劳力。另外，屋檐的排水管，也可能决定屋檐给人的印象。让博风板的前端比椽木更大，并且以弧形的方式弯曲（或是变细）使侧面看起来更加锐利，也是一种方法

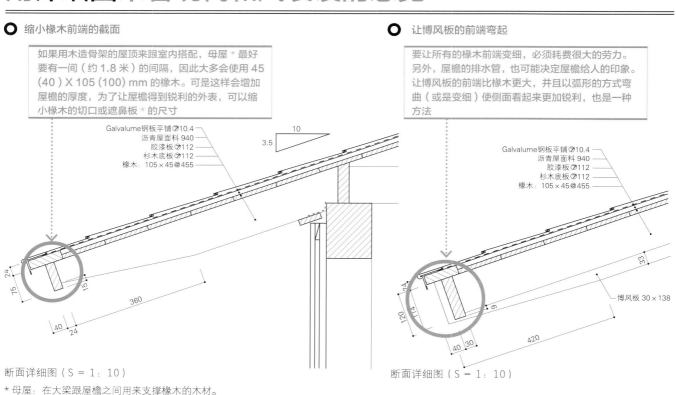

断面详细图（S = 1：10）

断面详细图（S = 1：10）

* 母屋：在大梁跟屋檐之间用来支撑椽木的木材。

* 遮鼻板：用来隐藏椽木尾端的木板。

如何挑选现代和风不可缺少的植物

适合现代和风之建筑的植物，主要有 3 种要素。可以跟和风建筑搭配的自然造型。可以感受四季的变动，会绽放花朵、果實、红叶。符合日本的风土，自然地融入景观之中，属于日本本土的品种或是其近亲。
在此介绍打造现代和风之外观时，绝对不可缺少的树种。

1 常绿、中树
山茶花
将已经存在的树木移植过来。叶子表面有光泽，从冬天到早春会开花。

2 树篱
吊钟花
树篱最常使用的树种。春天开花，在秋天转为红叶。

3 落叶、高树
挎树
在春天开出白色束状的花朵。

4 常绿、中树
含笑花 Port Wine
会开出具有甜甜香味的红色花朵。原产于中国。

5 落叶、高树
白木
叶片较大，秋天的红叶非常美丽。

6 落叶、高树
西洋唐棣
也叫作加拿大唐棣，结出红色果实的西洋品种。

7 落叶、高树
四照花
在初夏开出白色的花朵，秋天结红色的果实。

8 落叶、中树
吊花
在秋天结红色的果实，叶子也会转为红色。

9 落叶、中树
梅树
在早春开白花，秋天结大颗的蓝色果实。移植已经存在的树木。

正门通道位在南侧与道路相接的一方，室内也反映出委托人「希望可以享受花朵跟果实」的要求，引进了日本本土以外的西洋品种（「平塚之家」「神奈川 Eco House」）。

可以创造和风气息的树种一览表

落叶、高树
· 红叶类
· 连香树
· 枹栎
· 四照花
· 野茉莉
· 山樱
· 日本辛夷

落叶、中树
· 梓树类
· 大柄冬青
· 松田氏荚迷
· 小叶石楠
· 三桠乌药
· 大叶钓樟
· 三叶钓樟

落叶、矮树
· 泽八绣球
· 杜鹃花
· 吊钟花
· 重瓣麻叶绣球
· 棣棠花
· 白叶钓樟
· 珍珠绣线菊

常绿、高树
· 青刚栎
· 小叶青冈
· 三菱果树参
· 银桂
· 具柄冬青
· 昆栏树属

常绿、中树
· 山茶花
· 侘助椿类
· 红淡比
· 白山木
· 木防己

常绿、矮树
· 桃叶珊瑚
· 马醉木
· 石楠花
· 钝叶杜鹃
· 厚叶石斑木
· 珊瑚

以落叶、常绿、高、中、矮来均衡种植此处介绍的树种，形成延伸出去的和风景观。

Simple Modern，
在于「隐藏」「统一」「细分化」

将不必要的部分去除，以最低限度的需求来进行设计。所有建材的线条，不是水平就是垂直。与其采用全白的墙壁，不如涂成主张没有那么强烈的 Off-White，让各种年龄的族群都能接受。

Simple Modern（现代简约风格）大家对它的定义虽然各自有别，但基本上都是指线条跟色彩较为单纯的住宅。

这种风格外观设计上的重点，在于窗户跟外墙以外的要案几乎毫不显眼，整栋建筑看起来有如「一块」。从屋檐、屋顶、排水沟等外墙凸出的物体，到建材、材料的筛选跟装设，全都要细心的设计。这样虽然就可以成为 Simple Modern，但外观却还称不上是完整。「单纯化」的结果，窗户的位置跟建筑的形状会被突显出来，必须给予细心的注意。

（编辑部）

「Jupiter Cube L」
设计、施工：Four Sense
所 在 地：宫崎县 宫崎市
构　　　造：木造轴组架构法
建 筑 面 积：85.84㎡
地 板 面 积：153.02㎡
价　　　格：2200万日元（包括阳台工程）
拍　　　摄：石井纪久

01 笠木 * 也是 金属 & 细小

屋顶可以使用平屋顶或是往单边倾斜的屋顶，感觉会比较清爽。顺着屋顶线条来铺设的笠木，不可以太过显眼。

02 窗框的 建材为金属

包含遮阳板在内，窗框周围的建材要使用铝合金等金属。造型跟装设手法都必须经过设计，让正面看起来可以比较细小。

Simple Modern 的外观 设计技巧 9

Simple Modern，会以方形来呈现外观。设计跟装设的各个细节，都要非常小心。在此选出 9 个必须注意的重点来进行说明。

03 雨槽不可太过 显眼否则就要 隐藏起来

不论是哪一种建筑，一定都会装上雨槽。除了使用跟外墙同样的色系之外，还可以在设计方面下功夫，将雨槽隐藏起来。本案例用门廊的墙壁，将阳台的雨槽遮住。

屋顶边缘没有装设水平方向的雨槽，被四个角落的挡墙包围的屋顶往单边倾斜，埋在屋顶下方的雨槽直接跟垂直的雨槽相接。垂直的雨槽选择给大型建筑使用的「Alumi-Line·Handless Type」,(积水化学工业)，以两条来对应,装在北侧外墙的凹陷内。

=> 详细图 36 页

04 室外的构造也 力求精简

室外的构造也要尽可能地减少建材，尺寸跟外墙统一。本案例的不制百叶，跟铝制百叶窗一样是 40mm。

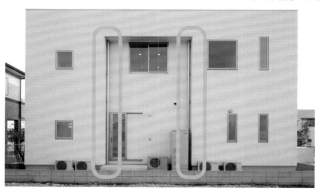

* 笠木：外墙或围墙等顶部的结构。

05 用来点缀的百叶窗要使用较细的线条

设计外观的时候，如果需要点缀用的装饰品，可以使用比较细的金属百叶窗。本案例用 40 X 50mm 的铝制方形管，来当作阳台的遮蔽物。

06 尽量不使用双滑轨的窗户

双滑轨的窗户，不论是窗框还是窗锁都会造成不小的噪音，固定跟外推式的窗户比较可以美丽的呈现玻璃面。

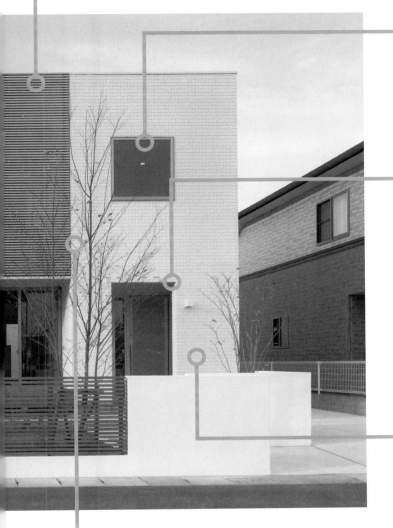

07

统整开口处的线条

包含玄关在内，用水平、垂直统整开口处的线条。重点在于整齐、有规则的排列。本案例分别以 1.5、1.0 的深度，来装设主张较为强烈的玄关跟客厅窗户。

08

墙壁以白色为基本色

基本上会让表面使用单色，尽可能增加墙壁的面积。将外墙的板材贴上的时候，间隔的缝隙不可太过显眼。也不可以在转角等部位使用专用的材料。照片是陶瓷的外墙板材「Dolce SR/Natural White」（Asahi Tostem 外 装）。四边都有相互连系的特殊加工，装好之后不需要密封，缝隙也不明显（下方照片）。表面具有亲水性，也发挥了防污的机能。

09 也不可以有平面的凹凸

Simple Modem 的重点在于呈现整洁美观的「面」。所有无谓的凹凸都要排除。

用**立面图**来看 Simple Modern 的外观

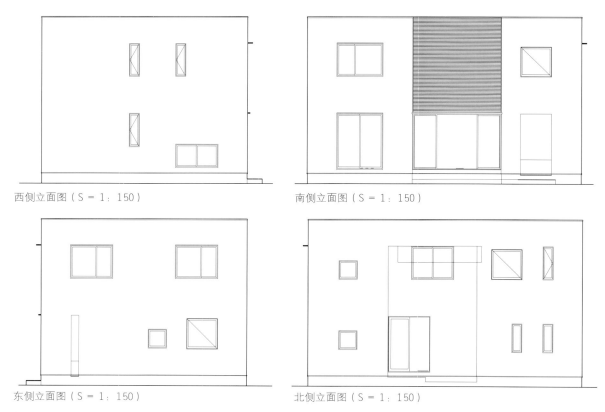

西侧立面图（S = 1：150）

南侧立面图（S = 1：150）

东侧立面图（S = 1：150）

北侧立面图（S = 1：150）

最重要的一点，莫过于让屋顶拥有平屋顶一般的外观。特别是窗户等设计要素比较多的场合，是否能用方形来呈现屋顶，将会非常的重要，另外，跟现代和风一样，要尽可能减少窗户在外墙上所占的分量。正方形、上下或左右较为细长的窗户等等，要尽量活用这些造型。

用**详细图**来看 Simple Modern 装设的感觉

○ 把阳台装在外墙以内

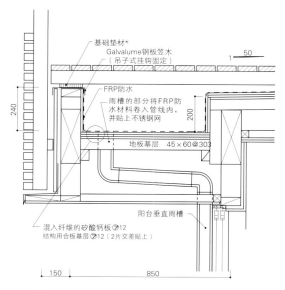

混入纤维的矽酸钙板⑦12
结构用合板基层⑦12（2片交差贴上）

基础垫材*
Galvalume钢板笠木
（吊子式挂钩固定）

FRP防水

雨槽的部分将FRP防水材料卷入管线内，并贴上不锈钢网

地板基层　45×60@303

阳台垂直雨槽

240

200

1　50

150　　　850

○ 看起来有如平屋顶的挡墙装设方式

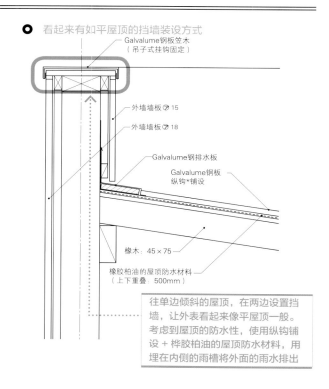

Galvalume钢板笠木
（吊子式挂钩固定）

外墙墙板⑦15

外墙墙板⑦18

Galvalume钢排水板

Galvalume钢板
纵钩*铺设

橡木：45×75

橡胶柏油的屋顶防水材料
（上下重叠：500mm）

往单边倾斜的屋顶，在两边设置挡墙，让外表看起来像平屋顶一般。考虑到屋顶的防水性，使用纵钩铺设＋桦胶柏油的屋顶防水材料，用埋在内侧的雨槽将外面的雨水排出

* 基础垫材：夹在水泥地基跟木造基层之间的换气用缓冲材。
* 纵钩：让金属板的边缘弯曲，来跟另一片勾在一起的固定方式。

Simple Modern 5

应用 的技巧

让我们透过山形屋顶的案例，来看看 34、35 页没有介绍到的其他技巧。对于低成本的 Simple Modern 来说，这些会更加实用。

拍摄：石井纪久（照片 5 以外）

01 彩色 Galvalume 钢板用纵钩铺设来降低成本

用棕色来降低金属的尖锐感，给人柔和的印象。

02 强调阳台的"面"

涂成白色来取代木制的百叶窗，强调"面"的构造。同时也能让 Galvalume 外墙钢板的垂直线条变得比较不显眼。

03 玄关门也用白色来呈现"面"

跟阳台的护栏拥有同样的效果。玄关门也统一使用白色，让存在感消失。

04 山形屋顶侧面才是重点

Simple Modern 不变的规则，是让屋顶看起来不像是屋顶。两侧也不可以被人看到雨槽，减少窗户的数量来成为点缀。

「JUST 201」

设计、施工：Four Sense
所 在 地：宫崎县宫崎市
构　　　造：木造轴组架构法
建 筑 面 积：67.65m²
地 板 面 积：124.65 m²
价　　　格：1,430 万日元
（包含阳台工程、太阳光发电除外）

05 雨槽、换气孔的颜色也要统一

让各种材料的颜色跟外墙统一，将存在感去除。

Natural Modem

北欧风格，在于
大屋顶的造型与呈现方式

北欧传统住宅的特色，是那拥有宽敞设计的屋顶。
高度偏低的倾斜屋顶加上色泽那亮的瓦片，主张不会太过强烈，
让屋顶跟外墙取得均衡来跟四周围调和。这是最为关键的重点。

以欧美风格的住宅为基础，使用大量的自然性建材，并融入部分的装饰跟曲线的设计，我们将这种住宅定义成「Natural Modern」（自然现代主义）最近 Natural Modern 之中，北欧风格的住宅特别受到瞩目。

Natural Modern 之中的北欧风格，是以斯堪的纳维亚地区的传统住宅为主题的设计。巨大的倾斜屋顶，是它代表性的象征。另外，为了让屋顶可以美丽地被呈现，降低屋檐高度的同时，还会在外墙使用比较粗的窗尸外框来当作点缀，最近则是多了可动式的雨篷。跟同样属于 Natural Modern 的南欧风格相比，整体少了一份「甜蜜」的感觉，成为男女都可以接受的设计。

（编辑部）

「Villa Michida」

设 计、施 工：Moco House

所　在　地：兵库县川西市

构　　　　造：木造轴组架构法

建 筑 面 积：180.05m²

1 楼地板面积：133.0m²

2 楼地板面积：47.5m²

价　　　格：4,800 万日元（不包含挑高空间、中庭）

北欧风格的
外观设计技巧

6

不受流行束缚的大众设计。在此介绍各种年龄的族群都可以接受的颜色跟材料的组合，以及窗户周围建材的用法。

01 组合往单边倾斜的屋顶

尽可能降低屋顶高低之间的落差（两者结合的部分让附属之建筑物的檩的长度，小于主要建筑等等，注意整体建筑立体性的均衡。

02 暖炉的烟囱有如画中的情景

屋顶伸出来的烟囱在1m前后（室内为4m以上），比较有办法维持均衡的外观。大多位在一栋住宅的中心，就外观看来一样是在中心位置。

03 屋顶采用色泽明亮的瓦片

倾斜的大屋顶是传统的北欧风格，如何呈现屋顶的面，也是外观设计的重点之一。要选择色泽明亮的瓦片。

04 外墙不可以强调「面」

关于外墙，不要出现太多会强调「面」的部分。北欧大多使用贴上墙板的完工方式，而Moco House则是选择涂上灰泥的墙壁。「外墙壁」（灰色）或「Bellart Si（橘皮质感）」等等。

05 用可动式的雨篷取代遮阳板

墙壁虽然采用比较显眼的色泽，雨篷则是使用足以成为点缀的颜色。跟塑胶或相似的材料相比，布类比较能给人精心设计的印象。

06 门窗外框使用木制或树脂，白色为基本

在北欧，边框大多选择白色，本案例则是用白色来强调屋檐内侧跟门窗外框。另外，窗户如果太过强调上下的感觉，有可能会让建筑物产生比较沉重的气氛，不可以单独使用上下比较长的窗户。

使用上下比较长的门窗外框时，可以排列在一起来取得均衡。

用**立面图**来看北欧风格的外观

北侧立面图（S = 1：200）

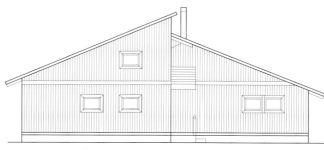

西侧立面图（S = 1：200）

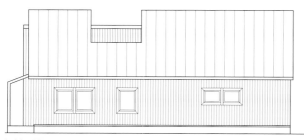

南侧立面图（S = 1：200）

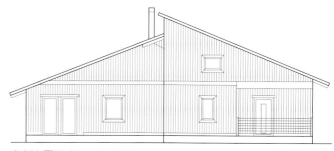

东侧立面图（S = 1：200）

左右会比较长的造型，是实现美丽外观的重点。北欧风格之核心的大屋顶，在呈现这个构造时，左右比较长的造型也会比较方便。两个单坡型屋顶的组合，让建筑物得到立体跟延伸出去的感觉。

北欧风格的 应用 ▶ 技巧

⊙ S 型瓦的屋顶跟外墙的结合部位

使用小型的大角熨斗瓦*，让屋顶跟外墙的结合部位可以清爽地呈现。关于屋顶的透气，会在外墙一方设置金属的排水板，借此往外排出

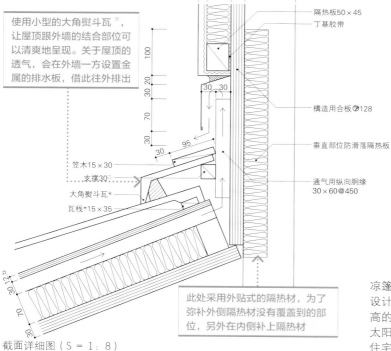

笠木15×30
支撑30
大角熨斗瓦*
瓦栈*15×35

18 50 28 105
隔热板50×45
丁基胶带

构造用合板⑦128

垂直部位防滑落隔热板

通气用纵向胴缘
30×60@450

此处采用外贴式的隔热材，为了弥补外侧隔热材没有覆盖到的部位，另外在内侧补上隔热材

截面详细图（S = 1：8）

* 熨斗瓦：叠在冠瓦下面的平瓦。
* 瓦栈：将瓦片固定在底板上不至于滑落的横木。

⊙ 可动式凉篷是北欧风格的象征之一

装在窗户上方的黄色凉篷暖色系的颜色跟白色墙壁很好搭配。

跨越两个窗户的红豆色凉篷。上下较为细长的窗户，必须以这种方式来使用。

凉篷是欧美极为普遍的遮阳设备。特别是在北欧，就被动式设计的观点来看，夏天要尽可能不让阳光进到隔热、蓄热性高的家中，冬天则是要尽可能让太阳光照进室内，为了配合太阳的角度变化，常常会用凉篷来进行调整，算得上是北欧住宅的正面造型不可缺少的设备。必须有效地采用，作为北欧风格之外观设计的点缀。

南欧风格，在于
古色的表现和小配件

普罗旺斯、法国乡村，最近也被称为咖啡厅风格。
这些造型的共通点，在于复古——如何表现这份古色古香的气
息，将是重点所在。

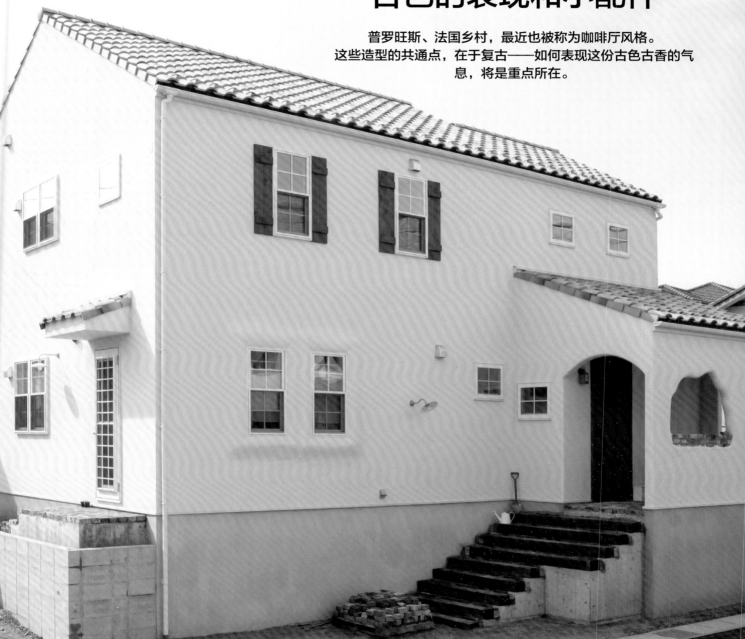

　　Natural Modern 之中人气最高的，是拥有南欧风格设计的住宅。南欧风格
也被称为普罗旺斯风格，这是将法国南部，面向地中海的普罗旺斯地区的住宅当
作设计主题。

　　普罗旺斯住宅的特征，有棕红色的陶砖 (Terra Gotta)、屋檐几乎没有延伸
出来的倾斜屋顶、鲜奶油色的灰泥墙壁、玄关前方的拱形墙、拥有曲线造型的锻
铁 (Wrought iron) 制的阳台围栏、被称为「French Door」的厚重木制门板等等。
如何将这些要素均衡地融入设计之中，是南欧风格外观上的重点。

　　另外，适度的「古色古香」也是不可忽视的重点，要避开成品住宅那种强调
光鲜亮丽的感觉。（编辑部）

「O 邸」
设计、施工：Papa Mama House
所 在 地：爱知县名古屋市
构　　　造：2X4 工法
建 筑 面 积：70.26m²
地 板 面 积：114.70m²
价　　　格：2,500 万日元（包含阳台）

用素材跟配件来表现。
古色跟手工的感觉。
在此介绍南欧风格所会用到的设计方法。

01 用三角屋顶来呈现瓦片

基本上会采用山形屋顶。用素烧的 s 型瓦或西班牙瓦来表现出素材的质感。

02 屋檐不要凸出，将屋顶侧面呈现出来

顺着山形屋顶侧面的三角形，让瓦片些微的凸出，形成可爱的气氛。因为屋檐没有往外延伸，外墙容易脏污。对于喜爱自然系建筑的委托人来说，不少人会将这种污垢当作是一种「韵味」。

03 尽量不使用落地窗

窗户会以外推或上下拉开的类型为中心，尽可能不使用落地窗。露台跟大阳台的开口，会使用 French Door (Patio Door)。

04 使用米色或鲜奶油色的灰泥墙

适合古色古香的自然风格，要选择可以让污垢成为一种「韵味」的色泽。灰泥涂漆的墙壁，涂得越厚就越能得到素材的质感，要选择跟预算相符的材料跟施工方法。

05 融入拱形跟曲线

就整体来看，要以圆弧的方式处理转角部位。在门廊融入弧形的造型，给人柔和的印象。

08 露台 & 门廊使用砖块或陶砖

地板表面可以使用古老的砖块或陶砖、古木，以此来强调质感。

07 设置小型的屋顶给人「可爱」的感觉

比遮阳板更小的小型屋顶，表面铺上瓦片展现出可爱的感觉。

也可以用木制的窗楣来进行装饰。

06 用木制门跟铁制的灯具来创造气氛

玄关最好是使用木造门板。但必须事先说明保养的必要性。门窗外框的大厂最近推出了质感与木头相似的门板，委托人若不喜欢保养作业，最好选择这种款式。玄关灯具会用铁制的类型来创造气氛。

玄关门廊的大型开口也要使用曲线。

09 窗户周围的装饰

窗户周围，可以使用装饰用的木窗，并给予圆融的感触。要积极地采用装饰，没有必要去考虑精简的要素。

用**立面图**来看南欧风格的外观

北侧立面图（S = 1：150）

西侧立面图（S = 1：150）

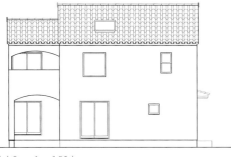

南侧立面图（S = 1：150）

东侧立面图（S = 1：150）

这栋建筑虽然拥有精简的造型，但是透过下方屋顶的效果，创造出具有立体感的外表。在窗户跟门的周围施加各种装饰或拱墙，来当作外观上的点缀。

南欧风格的 **应用** ▶ **技巧**

◎ 古物等小配件

玄关照明，采用可以看到内部光源的古物风格的造型。照片内是由美国老牌的 KICHLER 公司所制造。

◎ 古老砖块

用古老的砖块随栎排列而成的墙壁。砖块是从古董店购买。

◎ 烟囱

烟囱一样可以展现出欧洲乡下的气氛。暖炉烟囱的四周围，使用砖块风格的墙板。

◎ 铁制的玄关门把

由当地工匠制造的锻铁门。经由工匠之手的材料，跟南欧风格很好搭配。

无印良品的居家外观
极致之处在于「精简」与「随机性」

无印良品的住宅，拥有精简却又老练的外观。
对建商跟工程行的住宅设计也造成不小的影响，
以这栋「窗之家」当作范本，让我们来看看这种风格对于外观设计的思想

文 = 出町正义

无印良品之家：由经营无印良品的良品计划（股）之相关企业
MUJI.net（股）企划与贩卖，在日本全国进行加盟连锁。全国
第一间木之家、窗之家并排在一起展示。照片是 177 栋的新兴
住宅地〔千叶县白井市、业主：Orix 不动产（股）〕之中，最
早分让给无印良品的 22 栋住宅。

［彻底不让屋檐凸出］

「窗之家」＊的外观，首先映入眼帘的是那倾斜角度绝妙的山形屋顶。倾斜角度 3 寸 5 分＊。对于这种规模的住宅（展示屋地板面积约 28.56 坪）来说，是恰到好处。

为了让外观拥有清爽的剪影，选择屋檐不会往外凸出的装设方式。博风板、遮鼻板都跟钣金师傅商量，确定防水没有问题，才尽可能地采用宽度较小的款式。雨槽也尽量选择较小的类型，展示屋虽然使用市面上的制品，一样是尽可能地缩小凸出部位（照片 4）。

［窗户以随机的方式配置］

外墙的开口，足以成为外观上的点缀，决定它的位置时，要先重新检查窗户的机能。不只是通风跟采光，还得将重点放在「用来取景的框格」上面。可以充分享受风景的位置、为了保护隐私不需要此项机能的位置等等，以这种方式在各个地点装设合适的开口。而在视觉方面，也创造出令人舒适的随机性。

在设计手册中，为了创造随机性，采用大小跟高度都不相同的窗户，高度如果相同则改变窗户的尺寸，不可将窗户摆在墙壁中央等等，制定有明确的规定。

但仅仅以随机的方式设计窗户，无法形成美丽的外观。对于这点所想出来的对策，是活用固 定式的正方形窗户。固定式的窗户外框比较小，一面窗户所能形成的面积也比较大，不像双轨式的窗户中央会有直框，设计时比较好运用。另外，如果将窗户尺寸统一，就算采用随机性的配置，也能让外观得到统一。

彻底遵循这种思考，就连一般会使用落地窗的客厅，也都是采用固定式的窗户。就通风、进出等机能性来看虽然比较不方便，却可以省去中央那面窗户，在造型跟景观方面都可以得到很大的优势（照片 1）。需要通风的部位，则是活用外框跟固定式一样精简的外推式窗户。

为了可以自由地配置窗户，结构的部分采用 SE 架构法（木制骨架 Rahmen 构造）来省去外墙的承重墙。

＊特征是四角的造型跟 Galvalume 钢板的外墙，在「木之家」之后所研发的住宅商品。具有白色外观跟山形屋顶的住宅。
于 2007 年开始贩卖。
＊1 尺（1 尺 =33.3cm，下同）的水平距离往上增加 3 寸 5 分之高度的倾斜角，3 寸约 17 度，1 尺约 45 度。

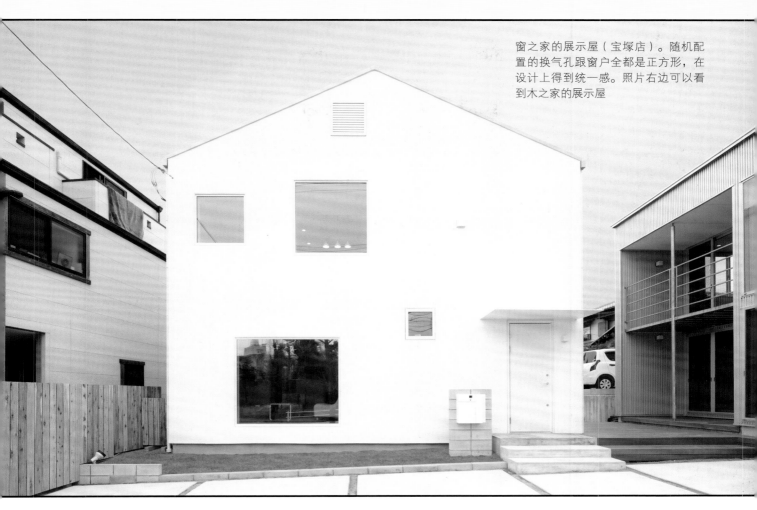

窗之家的展示屋（宝塚店）。随机配置的换气孔跟窗户全都是正方形，在设计上得到统一感。照片右边可以看到木之家的展示屋

[让要素精简化]

不论是把窗户摆在哪里，为了得到美丽的外观，都必须让窗户以外的要素彻底的精简化。窗之家对各种细节跟材料、市面产品的选择、独创家具的研发等等，都一边压低成本一边给予彻底的坚持，以实现精简的外观。

外墙会将白色陶瓷系的墙板当作标准规格。另外还提供白色灰泥墙的选项。不论前者还是后者，都是排除花纹跟图样的单色表面，以突显出窗户的造型。

阳台也是一样，设计时会尽可能地容纳在四角的箱形空间内部。装在栏杆围墙上的笠木也采用跟墙壁同一色系的精简设计，与墙壁化为一体。

外观上极为重要的玄关周围，为了让墙上的诸多要素可以精简地被呈现，采用许多现场打造的独创设备。装在玄关上的遮阳板，是用高耐腐蚀热浸电镀钢板制造，实现清爽又不显眼的设计（照片2）。而信箱、门牌、对讲机、照明等原本分散在玄关大门周围的各种设备，全都整合成现场打造的单一设备，成功地让玄关周围保持精简的外观（照片3）。

1. 窗之家的客厅。可以明显看出固定式大型窗户对景观跟采光的贡献。
2. 玄关遮阳板。结构单薄且纤细，用墙上的螺栓吊起来。
3. 水泥块的门柱上装有独创的设备。中央是门牌、上方是对讲机、右侧内部装有照明。
4. 造型精简的水平雨槽，可以减少往外凸出的宽度。跟外墙使用同一色系，尽可能降低存在感。

成功选择外墙材质的方法
以及美丽呈现的装设重点

设计外观时非常重要的，是外墙要使用什么样的材料、用什么样的手法来装设。
在此将焦点放在木板、砂浆底层的涂漆、金属墙板、陶瓷墙板、金属板上面，说明如何
按照自己追求的造型跟机能来进行选择，跟墙壁外侧转角等装设上的重点。

金属板外装在转角的处理（图1）

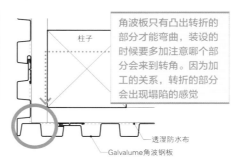

● 角波·加上转角配件（s = 1:12）

调整市面产品的规格，用钣金加工来装上去的方法。配件让整个转角往外凸出，给人非常清爽的感觉

透湿防水布
柱子
转角配件　Galvalume角波钢板

● 角波·没有转角配件（s = 1:12）

角波板只有凸出转折的部分才能弯曲，装设的时候要多加注意哪个部分会来到转角。因为加工的关系，转折的部分会出现塌陷的感觉

透湿防水布
Galvalume角波钢板

● 小波·加上转角配件（s = 1:12）

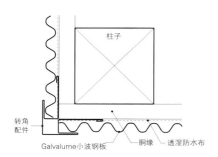

柱子
转角配件
Galvalume小波钢板　胴缘　透湿防水布

● 小波·没有转角配件（s = 1:12）

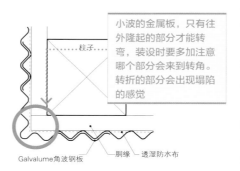

小波的金属板，只有往外隆起的部分才能转弯，装设时要多加注意哪个部分会来到转角。转折的部分出现塌陷的感觉

柱子
Galvalume角波钢板　胴缘　透湿防水布

垂直铺设的板材在转角的处理（图2）

● 加上转角配件（S = 1:12）

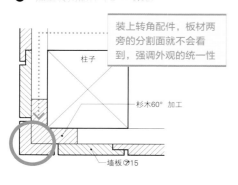

装上转角配件，板材两旁的分割面就不会看到，强调外观的统一性

柱子
杉木60°加工
墙板⑦15

● 没有转角配件（s = 1:12）

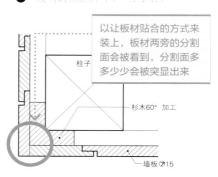

以让板材贴合的方式来装上，板材两旁的分割面会被看到，分割面多多少少会被突显出来

柱子
杉木60°加工
墙板⑦15

图面提供：田中工程行（图1）、辉建设（图2）

木造住宅会使用的外墙材质极为多元，在此将焦点放在木板、砂浆底层的涂漆、金属墙板、陶瓷墙板、金属板上面来进行说明（表1）。另外，金属墙板跟金属板，常常被归类在同一个类别来说明，但为了讨论外观时的方便性，前者是指表面模仿磁砖或木纹、灰泥等质感的制品，后者是指角波、小波等波浪板。

选择外墙材质的时候很重要的，是按照自己所追求的外观来选择。比方说现代和风或 Simple Modern 的建筑，最好是不要使用磁砖类的外墙，必须选择砂浆底层的涂漆或角波、小波等精简的金属板，或是现场涂漆的陶瓷墙板等等。如果是 Natural Modern，除了砂浆底层的涂漆，现场涂漆的陶瓷墙板也非常的合适。如果是早期美式 (Early American) 风格，则必须贴上木板才行。

另外，跟挑选外墙材质一样重要的，是边缘的装设方法。比方说此处所介绍的墙壁外侧转角，这个部位的处理方式会对外观造成很大的影响。如果是现代和风或 Simple Modern 的建筑，要尽量挑选不会超出外墙边界的专属配件，让外墙材质很自然地就顺着转角弯过去。（编辑部）

用设计性、机能型来比较外墙的材质（表1）

	木板	砂浆＋喷洒涂漆	金属墙板	陶瓷墙板	金属板
◉设计	**和风跟洋风都很合适** 下遮＊、羽目板等等，铺设的手法极为多元。对早期美式风格的住宅来说，下遮式的铺法绝对不可缺少。也很搭配现代和风等日本设计，但如果使用宽度太大的木板，会变得像山中的小屋一般，要多加注意。就算用在1楼等特定的部位，也能成为设计上的点缀。暴露在紫外线之中会变黑，设计时要考虑到保养跟变色的问题	**跟各种设计都很好搭配** 没有缝隙存在，可以实现自由且连续性的设计，加上底层的凹凸，可以实现各种不同的造型。从熟石膏到土墙风格、粉刷等等，不论和风还是洋风，跟各种设计都很好搭配。有些颜色会让污垢变得比较显眼，Simple Modern等屋檐比较短的建筑，最好使用亲水性良好或经过光触媒处理等，具有防污效果的产品	**容易使用的单色调** 木纹、粉刷、磁砖等等，有模仿各种质感的产品存在。现代性的设计可以使用黑色等单色调的款式，但如果面积太大，结合的缝隙可能会太过显眼，要尽量采用单纯的设计	**用现场的涂漆成为灰泥墙的风格** 木纹、粉刷、磁砖等等，有模仿各种质感的产品存在。现代性的设计可以使用黑色等单色调的款式。也能使用有连续性细微凹凸的产品，或是用现场涂漆来处理素烧的表面。连接的缝隙是太过显眼，会给人「墙板的感觉」，最好使用比较长的尺寸，或是用涂漆将表面的缝隙盖过	**跟 Simple Modern 很好搭配** 除了平面的金属板之外，角波跟小波等连续性的造型也是非常的普遍，跟现代性的设计很好搭配。同样的理由让连接的缝隙比较不显眼。颜色以黑或银为中心，跟 Simple Modern 很合得来。可以铺到屋顶上面，更进一步增加设计性
◉耐久性	**干燥方面要下功夫** 木材的特性是会重复干跟湿的状态，只要在施工的时候注意不会让雨水累积，则不论是哪一种木材都不会腐朽。但容易累积雨水的部分几乎都会腐朽，设计、施工的时候必须格外注意排水的结构。大约半年之后要重新涂布1次，之后每5年定期地进行	**底层必须要有防止裂痕的对策** 地震的冲击跟低温，会比较容易造成裂痕或剥落。采用不容易发生裂痕的底层工法，可以某种程度的防止裂痕。色泽跟涂膜的劣化，则是得看表面涂漆的种类	**耐久性高** 表面会用烤漆来处理，拥有非常高的耐久性。但如果出现伤痕或跟其他金属触碰，则有可能生锈。重量较轻，地震时具有优势，但受到冲击时比较容易出现凹陷或损伤	**必须重新进行密封** 材料本身的耐久性相当优秀，但结合部位的密封材料会劣化，必须跟透气工法并用。虽然属于不容易破损的材料，但如果遇到过度的冲击或地震，还是会损坏或出现裂痕	**耐久性高** 表面会用烤漆来处理，拥有非常高的耐久性。但如果出现伤痕或跟其他金属触碰，则有可能生锈。重量较轻，地震时具有优势，但受到冲击比较容易出现凹陷或损伤
◉防水 **◉隔热** **◉隔音**	**必须跟透气工法一起使用** 接合的缝隙多少会漏水，但只要跟透气工法一起使用，还是可以充分地维持干燥。材料本身虽然具有隔热、隔音的机能，但容易形成缝隙，还是得提高建筑物整体的相关机能	**必须要有裂开时的防水对策** 单独使用虽然也具有防水性，但容易产生裂痕，底层必须要有充分的防水对策。密度较高、没有缝隙，可以期待某种程度的隔音性	**光是在内测贴上隔热材质不够** 接合部位已经有下过功夫，具有良好的防水性，但最好跟透气工法并用。另外，虽然在背面已经施加有隔热性材质，但机能大多不够充分	**必须跟透气工法一起使用** 用密封来确保接合部位的防水性，必须跟透气工法并用，采用双重的防水对策。材料本身虽然具有隔音性，但属于乾式施工，不可过度的期待	**单独使用无法期待隔热跟隔音的性能** 接合部位有防水措施，防水性相当的高，但最好跟透气工法一起使用。考虑到防水的机能，从上往下铺设，会比横向铺设要来得理想。本身不具备隔热跟隔音的机能，要以建筑物整体的结构来补足
◉防火 **◉耐火性**	**在防火地区很难使用** 光是贴在外墙上的木板所拥有的厚度，无法期待抗燃性或耐火性。单独使用会受许多法律限制，必须跟不燃、抗燃性的材料组合，或是使用经过特殊处理，被认定为不燃材料的制品	**优良的防火性** 属于不燃材料，拥有优良的防火性。砂浆加上铁网，厚度如果在20mm以上，可以被认定为防火结构，若是装在隔间柱的两面，则可以被认定为准耐火结构	**按照需求必须有不燃性底层** 跟 Dailite＊、石膏板等不燃性底层组合，可被认定为具有准防火性的外墙结构（土墙等其他结构及防火结构）	**优良的防火性** 属于不燃材料，拥有优良的防火性。随着材料的厚度跟底层的构造，可被认定为准耐火结构	**按照需求必须有不燃性底层** 跟 Dailite、石膏板等不燃性底层组合，可被认定为具有准防火性的外墙结构（土墙等其他结构及防火结构）
◉施工性	**由木工师傅施工工期容易调整** 重量轻、容易加工、上钉子也不困难。基本上只要有木工师傅就能进行，就工期方面来看比较具有优势	**工期较长** 施工比较麻烦，还须要搁置静养的工期，工期会比较长。如果采用一般性的透气工法，则须要更长的时间，最近出现有合理化的砂浆用透气底层布料（AirPassage Sheet）	**受钣金师傅的技术影响** 重量轻、裁切跟打钉都很容易，但弯曲跟裁切、防锈等处理如果没有仔细完成，都会成为生锈的原因。另外，附着在电动工具上的铁锈，常常会转移到屋顶材料上面，结果导致生锈	**工作种类较多但施工合理化** 配件数量较少，装设作业已经合理化，但重量跟裁切方面还是处于劣势。接合部位需要密封工程来当作主要的防水机能，施工管理必须慎重	**受钣金师傅的技术影响** 重量轻、裁切跟打钉都很容易，但弯曲跟裁切、防锈等处理如果没有仔细完成，都会成为生锈的原因。另外，附着在电动工具上的铁锈，常常会转移到屋顶材料上面，结果导致生锈
◉成本 **◉维修**	**必须定期的涂漆** 木材本身是廉价的材料，但经过抗燃处理之后却会变得相当昂贵。为了防止表面劣化，必须定期的涂漆。伤痕的修补跟重新铺设的作业都相当容易	**必须定期的** 重新涂漆材料便宜，但工程费用较为昂贵，结果还是属于高价位的类型。特别是采用透气工法的案例，跟高等级的墙板几乎属于同等的价位。另外，重新进行涂漆的案例也不在少数	**要注意生锈** 有廉价的类型，也有高级的款式，产品价位的落差很大。Galvalum 钢板属于不用维修的材质，可是一旦生锈就会急速的劣化，要多加注意	**必须重新密封或重新涂漆** 有廉价的类型，也有高级的款式，产品价位的落差很大。重新涂漆的次数不用太多也没关系，但接合部位的密封材料却必须重新上过，维修保养的需求也比较高	**要注意生锈** 虽然得看产品的种类，基本上属于标准的价位。有廉价的类型，也有高级的款式，产品价位的落差很大。Galvalume 钢板属于不用维修的材质，可是一旦生锈就会急速的劣化，要多加注意

＊Dailite：大建工业的火山性玻璃质复层板。

＊ 下遮：上方木板的下端，叠在下方木板上端的铺设方式。

成功选择屋顶材质的方法
跟美丽呈现的装设重点

设计外观时非常重要的，是外墙要使用什么样的材料、用什么样的手法来装设。
在此将焦点放在木板、砂浆底层的涂漆、金属墙板、陶瓷墙板、金属板上面，
说明如何按照自己追求的造型跟机能来进行选择，跟墙壁外侧转角等装设上的重点。

用设计性、机能性来比较屋顶的材质（表2）

	瓦片	金属板	化妆板岩
◎设计	**西洋的自然风格必须使用西式的瓦片** 可大分为日式跟西式，特别是对西洋自然风格的建筑来说，西式瓦片是不可缺少的材料。如果是给现代和风使用，为了降低瓦片所拥有的厚重感，要选择山形等造型精简的屋顶，并省去屋脊上的熨斗瓦来塑造出精简的造型	**容易使用的单色调** 透过涂漆，表面有许多颜色可以选择。如果是现代风格，可以搭配银色、灰色、黑色等色调。铺设方法要选择平铺、斜铺*等凹凸较少的铺设方式。外墙一并采用金属板、屋檐不要往外凸出，可以更进一步强调尖锐的感觉	**透过颜色来对应各种设计** 表面的涂漆有各种颜色存在，现代性的设计最好选择黑色或灰色系。现代和风的设计，可以选择瓦片质感的造型。欧洲风格则是选择橘色系的颜色
◎耐久性	**干燥方面要下功夫** 材料本身具有很高的耐久性，可以长期使用。但是对于冲击比较脆弱，重量也高，称不上是可以承受地震的材料	**很难用在靠海的地区** 如果是一般所使用的彩色Galvalume钢板，材料本身的耐久性高、表面经过烤漆处理，足以长期的使用。但如果出现伤痕或是跟其他金属触碰，则有可能会生锈。重量较轻，地震时具有优势，也不容易因为冲击而破裂	**必须重新密封** 虽然得看产品的种类，耐久性大约在30年左右。会随着涂漆的规格变化，有些产品必须以10～15年的周期来重新涂漆。重量较轻，地震时具有优势，但对于冲击的耐性并不会太高
◎防水 ◎隔热 ◎隔音	**不适合倾斜角度比较缓的屋顶** 单独使用可以得到某种程度的防水性，底层跟防水材料的铺设必须确实的进行施工。基于相同的理由，并不适合倾斜角度较缓的屋顶。跟其他材料相比虽然具有隔热性，但不足以将隔音材省去。下雨的声音不会让人感到在意	**下雨时的声音可能会让人在意** 只要正确施工，单独使用也能拥有良好的防水性，但必须仰赖钣金师傅的技术。单独使用的隔热性跟隔音性几乎无法让人期待。特别是雨声，很可能让人在意，必须事先跟委托人确认，采用增加隔热材的厚度等对策	**防水性优良 雨声的问题也不大** 只要正确施工，单独使用也能拥有良好的防水性，但必须仰赖施工人员的技术。单独使用的隔热性跟隔音性几乎无法让人期待，但很少会像金属板那样出现雨声的问题
◎施工性	**工期会比较长** 底层木架跟瓦片的施工比较费功夫，工期也会变得比较长。要确实地将瓦片固定，以免因为地震或强风而掉落	**受钣金师傅的技术影响** 重量轻，裁切跟打钉都很容易，但弯曲施工、防锈等处理如果没有仔细完成，都会成为生锈的原因	**工作种类较多 但施工合理化** 配件数量较少，装设作业已经合理化，但必须仰赖施工人员的技术。跟其他材质相比，工期并不会太长
◎成本 ◎维修	**虽然昂贵但维修作业较少** 价格比较昂贵，瓦片本身虽然有良好的耐久性，但必须按照需求来更换底层材料	**比较不需要维修** 虽然得看产品的种类，但比较属于低价位的类型。材料本身几乎不需要维修，但如果生锈的话，要尽早重新铺设才行	**虽然廉价 但需要重新涂漆** 产品的种类涵盖低价位跟高级的款式。虽然得看产品的种类，但大多得定期地进行涂漆等维修作业

* 斜铺：相接的部分往上凸出约15mm，来形成倾斜角度的铺设手法。

木造住宅使用的屋顶材质极为多元，在此将焦点放在瓦片、金属板、化妆板岩上面来进行说明（表2）。

屋顶的材质就跟外墙一样，必须依照自己所追求的外观来选择。比方说现代和风的住宅，可以使用瓦片、金属板、化妆板岩等，但基本上要选择黑～灰色来搭配。给人和风气氛的瓦片、化妆板岩，跟Simple Modern的建筑并不容易搭配。最好采用黑色、灰色、银色的金属板。

设计Natural Modern的时候，如果有想要效法的风格，使用同样的屋顶材质是最好的方法。但如果是北欧、南欧风格的话，也可以用咖啡色～橘色系的化妆板岩来代替。

装设方面，最重要的部位是屋檐边缘。这是因为在几公尺外的距离观察一栋建筑时，屋檐是最容易引人瞩目的部位。如果是现代和风的住宅，可以对遮鼻板的造型或椽木的前端进行加工，让屋檐得到锐利的感觉。Simple Modern的话，要尽量不让屋檐往外凸出，包含排水板在内，装设的时候要多下一点功夫。（编辑部）

瓦片屋顶的屋檐边缘、山墙边缘的装设方式（图1）

● 山墙边缘（S = 1：12）

● 屋檐边缘（S=1：12）

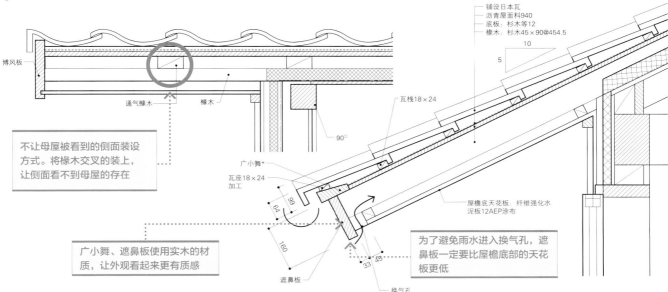

博风板

通气椽木　椽木

不让母屋被看到的侧面装设方式。将椽木交叉的装上，让侧面看不到母屋的存在

广小舞、遮鼻板使用实木的材质，让外观看起来更有质感

90□

广小舞*

瓦座18×24
加工

99
64

160

遮鼻板

33 48

换气孔

铺设日本瓦
沥青屋面料940
底板：杉木等12
椽木：杉木45×90@454.5

10

5

瓦栈18×24

屋檐底天花板：纤维强化水泥板12AEP涂布

为了避免雨水进入换气孔，遮鼻板一定要比屋檐底部的天花板更低

金属屋顶的屋檐边缘、蝼羽的装设方式（图2）

● 斜梁屋顶的屋檐边缘（S = 1：12）

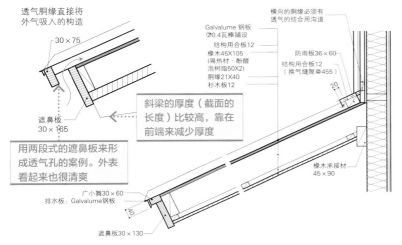

透气胴缘直接将外气吸入的构造

30×75

遮鼻板
30×165

用两段式的遮鼻板来形成透气孔的案例。外表看起来也很清爽

广小舞30×60
排水板：Galvalume 钢板

遮鼻板30×130

● 椽木屋顶的屋檐边缘（S=1：12）

横向的胴缘必须有透气的结合用沟道

Galvalume 钢板
⑦0.4瓦棒铺设
结构用合板⑦12
椽木45×105
（隔热材·酚醛泡树脂50X2）
胴缘21X40
杉木板12

防雨板36×60

结构用合板12
（换气缝隙@455）

20

斜梁的厚度（截面的长度）比较高，靠在前端来减少厚度

椽木承接材
45×90

● 椽木屋顶的山墙边缘（S = 1:12）

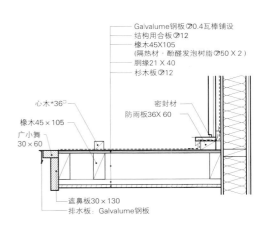

Galvalume钢板⑦0.4瓦棒铺设
结构用合板⑦12
椽木45X105
（隔热材·酚醛发泡树脂⑦50 X 2）
胴缘21 X 40
杉木板⑦12

心木*36□

椽木45×105

广小舞
30×60

密封材
防雨板36X 60

遮鼻板30×130
排水板：Galvalume 钢板

金属屋顶的屋檐边缘、山墙边缘的装设方式（图3）

● 减少屋檐凸出的案例（S = 1：2）

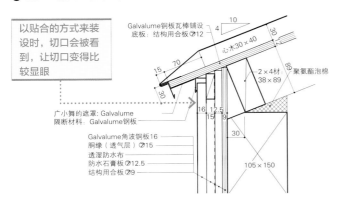

以贴合的方式来装设时，切口会被看到，让切口变得比较显眼

Galvalume铜板瓦棒铺设
底板：结构用合板⑦12

10
4

心木30×40

30
30

2×4材　聚氨酯泡棉
38×89

15
70

16 12.5
15 9

30

广小舞的遮罩：Galvalume
隔断材料：Galvalume 钢板

Galvalume角波铜板16
胴缘（透气层）⑦15
透湿防水布
防水石膏板⑦12.5
结构用合板⑦9

105×150

● 减少山墙边缘凸出的案例（s = 1:12）

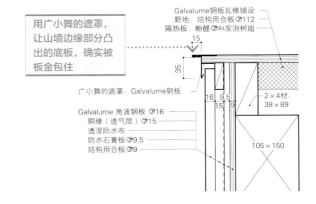

用广小舞的遮罩，让山墙边缘部分凸出的底板，确实被板金包住

Galvalume铜板瓦棒铺设
野地：结构用合板⑦112
隔热板：酚醛⑦4s发泡树脂

15

35

广小舞的遮罩：Galvalume钢板

Galvalume 角波钢板⑦16
胴缘（透气层）⑦15
透湿防水布
防水石膏板⑦9.5
结构用合板⑦9

16 9.5
15 9

2×4材
38×89

105×150

* 广小舞：宽板条，竹骨胎。

从建筑物的侧面拍摄。镜头往后拉，将较为宽敞的停车空间照进来。

业余摄影师也能办到！
建筑外观最佳拍摄法

不管外观设计得再怎么好，要是无法拍成美丽的照片，一切都有可能白费。
因为绝大多数的委托人，都会用网站或传单上的照片来判断好坏。
在此参考「建筑照片的最佳拍摄方式、处理方式」（X-Knowledge 刊行），一边介绍业余摄影师的实际拍摄流程，一边说明拍摄的诀窍。

文 = 出町正义

拍出理想建筑照片的规则

规则 1	用 F8 ~ 11 的光圈值来拍摄
规则 2	以低感光度来拍摄
规则 3	使用三脚架
规则 4	水平跟垂直必须正确
规则 5	用较宽广的构图拍摄，方便微调修正
规则 6	慢慢找出最为理想的曝光
规则 7	观察周围的环境，找出最佳的构图
规则 8	不要依赖闪光灯

建筑照片的最佳拍摄方式、处理方式
细矢仁 = 著
X-Knowledge 刊行

〔拍摄条件〕
拍摄的时间是在 1 月下旬，时间是上午 10 点半到 11 点半。晴朗的天气最适合拍照。

〔器材〕
相机是数码单眼反光相机的入门机种 Canon EOS Kiss X4。镜头是相机附属品的透镜组 ES-S18-55 IS。跟单眼相机的三脚架一起使用。

〔拍摄模式跟光圈值〕
设定光圈值可以让照片变得比较锐利，合适的光圈值在 F8 ~ F11 之间。用可以设定光圈值的光圈值优先模式，调到 F8 来进行拍摄。

〔摄影师〕
为了拍摄朋友的婚礼在最近购买数码相机，有勇无谋地以同一机种来挑战本企划。兴趣是拍摄猫咪照片，典型的素人摄影师。

ISO 感光

最近的数码相机可以使用 ISO 高感光值，在光线较暗的场所拍摄照片时非常的方便。但感光值越高杂讯也会跟着增加。建筑照片要尽量选择较低的 ISO 感光值。

● ISO100

暗处也没有出现杂讯忠实呈现本来的颜色。

● ISO3200

原本不存在的颜色像杂讯一般地出现。

合适的曝光

相机会自动选择曝光，但不一定都是理想的数值。建议使用自动包围（Auto Bracket)机能，同时以正跟负的曝光修正来拍摄。在现场比较不容易确认拍出来的效果，这种让人在事后挑选的机能非常方便。

● - 1/2EV

● ±0EV

● + 1/2EV

自动包围机能分别以 1/2 的 EV（曝光值）所拍摄的照片。+1/2EV 的时候，外墙等白色的部分明显失真。确实保留天空蓝色的 -1/2EV，似乎最为恰当。

协助拍摄：扇建筑工房。

选择镜头

镜头会影响建筑物的呈现方式。比较远的角度拍摄起来会比较自然，要尽量用标准的镜头（35mm换算等效焦距50mm左右）来拍摄。如果使用可以改变焦距的镜头，要将镜头所标示的变焦指标调到标准位置，以此来寻找构图。

◎ 中望远镜头

◎ 广角镜头

请注意两张图中屋顶的呈现方式。广角镜头（35mm换算等效焦距28mm）会将建筑物拉近，变成从下往上看的构图。拍摄这栋住宅的外观时，中望远镜头（35刚换算等效焦距85mm）会比较好。

 **微调修正**

拍摄时若是无法取得充分的距离，常常会缩短跟建筑物之间的距离，以广角来进行拍摄。跟标准的镜头相比，这样会让建筑物的上方缩小。但我们透过照片的编辑软体来轻松地修正。

◎ 修正前

因为用广角的镜头拍摄，建筑物的上方会缩小。

◎ 微调修正后

建筑物扭曲的部分变少。照片两旁会出现无法使用的部分，拍摄的时候周围可以拉宽点。

编辑软体
Photoshop Elements

修正的方法简单到让人意外。从选单的〔滤镜〕选择镜头修正，一边参考方格一边操作「变形」的视窗即可。另外也能修正亮度跟颜色，让照片看起来更加美丽。

遮住阳光

住宅的正面玄关面对北方，拍摄的时候成为背光的状态，在太阳光的干扰之下形成光斑跟鬼影。必须将射入镜头的光线挡住来防止这些现象。

◎ 遮住阳光前

光斑

鬼影

因为背光的关系，让2楼外墙的部分出现光斑、围墙的部分出现鬼影。

用纸张将射入镜头内的阳光挡住。实际进行的时候，最好使用黑色的材质。

◎ 遮住阳光之后

遮住阳光之后拍摄的照片，成功的减缓光斑跟鬼影。

 太阳光的条件

光是经过1个小时，建筑物的阴影就会出现不小的变化。在太阳被乌云遮住的瞬间按下快门，可以拍出阴影比较淡的照片。

◎ 10:20am

◎ 11:20am

在左边的照片之中，屋顶的影子盖住大半的墙壁，称不上是理想的拍摄时间。右边的影子虽然比较浓，但比左边的照片要来得理想。

不知各位读者，对于建商所推动的住宅的外观设计有什么样的感想。特别是预铸建筑的建商，应该有许多人都抱持「一成不变」的想法。但同样的造型所创造出来的稳定性，有时却可以成为一种魅力。实际上在建商所推动的商品之中，就有许多外观几乎没有变化，却长期下来一直都有在销售的住宅。

比方说 Sekisuiheim（积水化学工业公司）（照片 1）。该公司用独自研发的单元工法来打造钢筋住宅的主要结构，跟平屋顶搭配之下所形成的外观，开业到现在的 40 年来几乎没有改变。虽然会随着时代的需求来改变外墙的材质（现在以磁砖类的外墙为中心），但不论是在哪个时代，「不变」的造型都让人一眼就能看出，这是他们所设计的住宅。

TOPICS

「变」与「不变」
各大建商在
外观设计上的战略

文 ＝ 田中直辉

4.「xevo」（大和 House 工业）。新型工法让开口处的尺寸跟位置得到比较少的限制。

1.「CRESCASA」（Sekisuiheim）。平屋顶一直都是 heim 系列主要的特征。
2. 旭化成 Homes 的代表性外观。ALC 外墙跟平屋顶所形成的外观设计符合都市的需求，跃身为成功的住宅商品。
3.「CASART」（Panahome）。对 Panahome 来说平屋顶的外观相当罕见。

同样属于平屋顶的，另外还有旭化成 Homes 的「Hebei House」（照片 2）。他们用名为「Hebel」的 ALC 板（高压蒸汽轻质混凝土）来当作外墙的材质，以此发展出来的住宅商品，让事业永续经营。ＡＬＣ 板的质感会直接出现在外墙上面，超越时代的变化，创造出只属于他们自己的外观。

另外，旭化成 Homes 将事业的焦点集中在都市住宅，面对住宅市场严苛的条件，2010 年度（2010 年 4 月～11 年 1 月）跟前一年度相比，合约数量还是成长了 2 位数。而虽然没有旭化成 Homes 这么惊人，Sekisuiheim 的订单状况也顺利在成长。这些都告诉我们外观设计的多元性，不一定会反应在订单上面。

［选择改变的大和 House 与 Panahome］

话虽如此，时代所追求的设计不断的在变化。为了找出新时代的「代表」，有些建商把资源分配在新产品的研发跟销售上面。最先展开行动的，是大和 House 在 2006 年所推出的「xevo」（照片 4）。包含内部装潢在内，xevo 大幅提升住宅原本的设计性。其中相当关键的部分，似乎是开口尺寸比传统建案更大的新型工法，借此将室内跟室外巧妙的连在一起。这种优势让 xevo 成为该公司目前主力商品。

Panahome 在 2012 年 1 月推出了预定将成为主力商品的「CASART」，打破该公司以往的风格，正式以平屋顶的设计来推出一连串的商品（照片 3）。除了考虑到市场对平屋顶的需求，似乎也透露出该公司对旭化成 Homes 的业绩成长所抱持的危机感。

面对自身的立场跟各种不同的想法，建商对于外观设计所抱持的观点也各不相同。但长期下来持续销售的商品，外观上一定都有「足以持续销售的理出」存在。各位读者不妨也来研究一下，看看建商们的「变」与「不变」之处。

4

向优秀的工程行学习

外观设计的12项秘诀

Simple Modern

用斜屋顶来呈现
平屋顶

在 Simple Modern 的风格之中，巧妙地呈现出平屋顶的「白色方块之家」（平成建设）。只要让两个方向看起来都可以成为平屋顶，就可以让单边倾斜的印象大幅改观，更进一步强调设计性。

白色方块之家（S = 1：200）

南侧立面图

东侧立面图

北侧立面图

西侧立面图

> 装在倾斜屋顶上方的挡墙，配合屋顶倾斜的角度，在内侧形成斜线

墙板
横铺
木横梁
合板⑦9

隔热材质：发泡硬质聚氨质泡沫

20 ———— 1

Galvalume铜板纵钩铺设
改质沥青屋面料
底板⑦12
挡板：屋顶透气⑦30
椽木 38×89 @455

> Simple Modern 要尽量不让屋檐往外凸出。此处将凸出的部分减到只有24mm，让屋顶的金属板弯曲来进行排水，并确保屋顶透气用的空间

屋顶截面图（S = 1：20）

外观技巧的秘诀

Simple Modern 所不能缺少的，是水平的屋顶 = 平屋顶的结构。但是就防水施工来看，木造住宅若是采用平屋顶的构造，会面对很高的风险。因此建议大家「用斜屋顶来呈现平屋顶」。具体的结构请看立面图，在想要得到平屋顶外观的那个方向，将挡墙一般的构造装在屋顶边缘。本案例注重两个方向的外观，所以在两边都设有挡墙。如果想要 3 个方向都均等的呈现，则可以在 3 边都设置挡墙。

用棕色系铝制格栅来当作栅栏的建筑物〔「设有穿透式土间之家」（平成建设）〕。更进一步强调现代和风的气氛，让整个外观得到紧凑的感觉。

棕色系格栅 × 现代和风

和风建筑，可以用棕色格栅来给人木材的印象。但最好是像照片这样使用造型精简的款式（Tostem 「Courtline」），与真正的木头太过相似，反而不会给人现代的气氛。真正的木材虽然比较理想，但考虑到保养的问题，大多会选择市面上的产品。

技巧 **02**

Simple
Modern

Japanese
Modern

用市面上的格栅
来表现和风与洋风

银色格栅 × Simple Modern

活用在 Simple Modern 的硬格栅。对 Simple Modern 来说，虽然也可以用棕色来增添一些和风的气息，但如果要走传统路线的设计，则可以使用银色格栅。银色跟排水板、基本色很好搭配，可以让设计得到统一感。

[**外观技巧的秘诀**]

由外墙材质、屋顶、窗户等部位所构成的建筑外观，在这之中，格栅是特别可以成为点缀的要素。和风建筑常常会将木制格栅当作象征性的结构，但如果用银色系的格栅搭配 Simple Modern 的设订风格，则可以让外观产生适度的变化，是特别容易搭配的组合。

虽然往外推出，但在左右设置袖墙，让阳台与建筑物融为一体的〔「白色方块之家」（平成建设）〕。重点在于袖墙、屋檐内侧的天花板、垂壁等，都跟墙壁采用同样的表面涂漆。栏杆也选择不显眼的造型。

技巧 **03** Simple Modern

将**阳台**设在墙壁内

〔 外观技巧的秘诀 〕

Simple Modern 的住宅必须拥有精简的造型，设计时要尽可能将不必要的凸出排除。这对阳台来说也是一样，要尽量纳入墙内。但是将阳台摆在从上到下完全平坦的墙内，会让下方的房间面对漏雨的风险。所以可以像本案例一样，先将整个2楼往外推，然后将阳台摆在这里面。这样做结构稳定、施工容易，漏雨的风险也跟着降低。

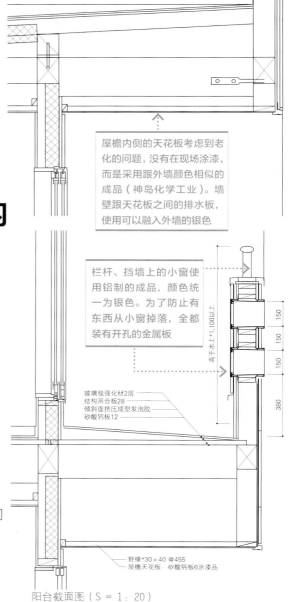

1,200

1 —— 20

屋檐内侧的天花板考虑到老化的问题，没有在现场涂漆，而是采用跟外墙颜色相似的成品（神岛化学工业）。墙壁跟天花板之间的排水板，使用可以融入外墙的银色

栏杆、挡墙上的小窗使用铝制的成品，颜色统一为银色。为了防止有东西从小窗掉落，全都装有开孔的金属板

150
150
150
380
距于水上1,100以上

玻璃毯强化材2层
结构用合板28
倾斜面挤压成型发泡胶
矽酸钙板12

野缘*30×40 @455
屋檐天花板：矽酸钙板6涂漆品

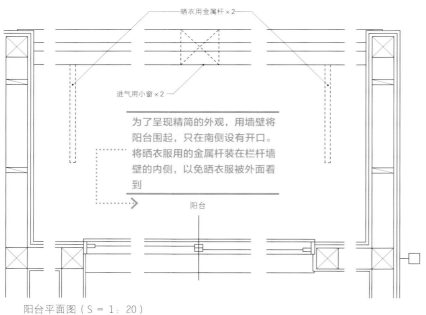

晒衣用金属杆×2

进气用小窗×2

为了呈现精简的外观，用墙壁将阳台围起，只在南侧设有开口。将晒衣服用的金属杆装在栏杆墙壁的内侧，以免晒衣服被外面看到

阳台

阳台平面图（S = 1：20）

* 野缘：天花板内用来贴上表面材质的棒状骨架。

* 水上：建筑内让水流动的倾斜地面之中，高度最高的部分。

阳台截面图（S = 1：20）

右／透明涂漆的宽 100 mm 的杉木板，以 12mm 的厚度铺在屋檐内侧的案例〔「安昙野 HAUS」（Delta Trust 建筑设计室）〕。让母屋延伸出来，并将杉木板铺到母屋之间的缝隙。

左／涂成跟墙壁同样颜色的宽 102 圆的松木板，以 12mm 的厚度施工于屋檐内侧的案例〔「凉风庄」（Delta Trust 建筑设计室）〕。跟墙壁形成一体感，让建筑物看起来像是一整块的结构。

木板

技巧 **04**

Simple Modern

Japanese Modern

Natural Modern

会影响到外观的屋檐内侧

矽酸钙板

上／在屋檐内侧使用矽酸钙板的案例〔「Suku Suku 2」（Delta Trust 建筑设计室）〕。用在屋檐比较长的屋顶，为了避免造成压迫感，把屋檐内侧当作墙壁的延伸，涂上同一色系来强调一体成型的气氛。

下／在屋檐内侧使用矽酸钙板的案例〔「寿砂之家」（Delta Trust 建筑设计室）〕。虽然跟外墙属于同一色系，但却选择更加明亮的涂漆。只有 2 楼山形屋顶的部分，用墙壁延伸出来的栋木与母屋，将矽酸钙板的结合部位遮住。

OSB

在屋檐内侧使用定向纤维板（OSB）的案例〔「凉风庄」（Delta Trust 建筑设计室）〕。屋顶是用 OSB 将隔热材夹起来的夹层构造，屋檐内侧直接可以看到屋顶的 OSB。照片内用来支撑板材的斜梁直接在屋檐内侧露出来，从屋顶边缘凸出 1,200 mm 的斜梁拥有较高的厚度（截面的长度），因此进行加工，让斜梁的厚度变细。

〔　外观技巧的秘诀　〕

就外观来看，屋檐内侧比屋顶更容易被看到，从外墙凸出来的结构也让它变得格外的明显，要用什么样的设计来处理这个部位，算是一个很重要的问题。一般没有涂漆过的矽酸钙板，总是给人廉价的感觉，如果属于日式或自然风格的建筑，最好是搭配木板或灰泥。就算使用矽酸钙板，也要在表面涂漆，或是用木材等物体将结合部位遮住。外观而言，屋檐内侧要比屋顶花上更多的资源与心思。

在 140 mm 的松木材涂上 Xyladecor* 的案例。就算是颜色较为明亮的松木，只要涂成较深的颜色，也能得到现代风格的印象。跟照片内这种强调左右方向的平屋式建筑搭配时，直铺可以形成比较均衡的外观。

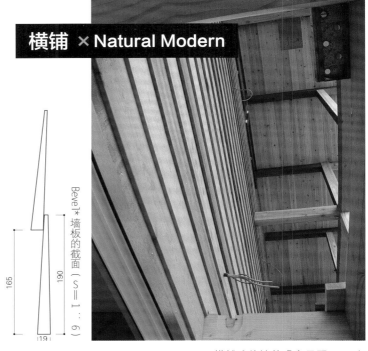

Bevel* 墙板的截面（s＝1″∶6）

165
190
19

直铺 × 现代和风

横铺式外墙的「安昙野 HAUS」（Delta Trust 建筑设计室）。采用美西红侧柏的 Bevel 外墙。这是由北美地区的住宅所使用的材料，让外观得到早期美式风格的印象。使用透明的涂漆，同时给人现代式木屋的气氛。

技巧 05

Simple Modern　Japanese Modern　Natural Modern

用木板来呈现的外观

在 1 楼正面的部分使用涂上颜色之松木材的「镇守森之家」（Delta Trust 建筑设计室）。木材需要定期的保养，如果只用在特定部位，最好是选择 1 楼来施工。其他外墙使用色泽明亮的涂漆，或是没有花样的墙板。这种手法看起来就像是腰墙一般，跟现代和风很好搭配。

以横铺来使用木纹风格之墙板的案例「CORE Ⅱ」（Delta Trust 建筑设计室）。就算是铺设木板，只要像这样使用上色的细长木板，也能成为 Simple Modern 的外墙。

外观技巧的秘诀

木板跟任何一种外观设计都可以搭配，是外墙最为普遍的材质。不论和风还是洋风，木板一直都被用来当作建筑物的外墙。但使用木板的时候，必须按照设计的种类来进行挑选。重点在于涂漆与铺设的方式。在特定部位铺上木板，可以形成和风的外观，如果整体都全铺设的话，则按照涂漆的方式，可以成为自然风格（透明）或现代风格（上色）。另外还可以透过铺设的手法，呈现出各式各样的风格。首先要注意的是直铺与横铺的选择。

横铺 × Simple Modern

*Bevel：高广木材所贩卖的墙板。
*Xyladecor：日本 EnviroChemicals 贩卖的护木涂料。

技巧 **06** Japanese Modern

用木制的直格栅来表现和风

门袋 × 格栅

【 外观技巧的秘诀 】

通风、采光、遮蔽等等，兼具各种实用性的格子门窗，同时也是町屋门面主要的装饰性结构，在装饰方面也有相当的历史。到了现代，格子门窗仍旧被广为使用，是呈现和风建筑的代表性手法之一。亲子格子、切子格子 * 等造型极为多元，其中的极致，被认为是京町家的竖繁格子 * 变得越来越是纤细所发展出来的「千本格子」。纤细的格子虽然是日本的传统，但是对现代和风的住宅来说，以较粗、较为随兴的造型来使用，反而会比较合适。

全开式的铝制外框在打开的时候，如果没有特别的处理，将会破坏和风的气氛，因此可以在施工的时候设置门袋。此处配合格栅状的玄关大门，装设硬格栅的门袋。另外还让直格栅以直角转弯来连续下去，成为门廊到客厅的遮掩物。

遮掩物 × 格栅

想要在拥有现代风格之外观的建筑，使用和风的造型，因此用小间返 * 的直格栅来当作阳台的栏杆，兼顾通风跟遮掩的〔「町田之家」（神奈川 Eco House）〕。阳台整体的1/3没有窗户，让直格栅延伸到抵达屋檐内侧，让单调的节奏产生变化。

在门袋装上木制直格栅的「平塚之家」（神奈川 Eco House）。与和风外观非常容易搭配。

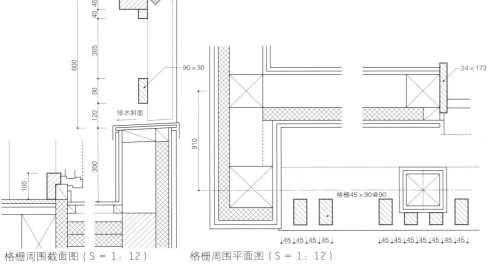

为了不让雨水累积在格栅上面，设有 1 寸左右的排水用斜面

格栅周围截面图（S＝1：12）　　格栅周围平面图（S＝1：12）

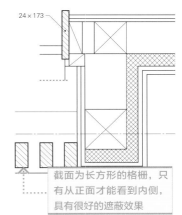

截面为长方形的格栅，只有从正面才能看到内侧，具有很好的遮蔽效果

* 小间返：木材的正面宽度与排列的间隔相同。

* 切子格子：以一定顺序排列长短木材的格栅，也被称为亲子格子、带子（子持）格子。

* 竖繁格子：间隔较细的格栅。

（照明）
KOIZUMI
「AUE670047」
（停止生产）
圆筒型的照明跟 SimpIe Modem 很好搭配。目前生产的是银色的款式。

（门）
TOSTEM「Forarel」
木纹的门板不论造型种类如何，都能用在各种风格的建筑上。最好是质感比较逼真的类型。

（照明）
MAXRAY「MB50128-02」
圆形的精简照明，与现代格风格的设计很好搭配。

「国立之家」
（参创 Hou-Tec/Casabon 住环境设计）

（照明）
Panasonic 电工
「LGW46133A」
与木材很好搭配的棕色系投射灯。

（门）
YKKap「Concord」
Simple Modern 最常使用的玄关门。跟色泽明亮的外墙很好搭配。

「五本木之家」（参创 Hou-Tec/Casabon 住环境设计）

技巧 **07**

 Simple Modern　 Japanese Modern　 Natural Modern

用门与照明来形成精简的玄关

（照明）
KOIZUMI
「AUE646052」
强调外框造型的室外照明，与现代风格很好搭配。

外观技巧的秘诀

从建筑性处理的观点来看，玄关周围的外观设计不是一件简单的工作。除了防火、防盗、防水等机能方面的要求，对讲机跟信箱等必备品也不在少数，让人不得不去依赖市面上的产品。对于产品的筛选，将是此处的重点。特别是现代风格，要避免颜色太过丰富、装饰过头的款式，最好选择用圆形或方形来形成精简外观的产品。

（门）
TOSTEM
「Forard」
木纹的门板跟白色外墙也很好搭配。还可以用在 Natural Modem 的建筑，与 Simple Modem 搭配在一起会给人比较柔和的印象。

「厂三乡之家」
（参创 Hou-Tec/Casabon 住环境设计）

（门柱）
TOSHIN CORPORATION「Stick 170」
照片是目前贩卖的 Stick 170 的旧型，跟 Simple Modern 的外观很好搭配。

08

Japanese Modern

将平房收在墙内

左右较长的缘侧＊也是有效使用日式木材的部位。就动线来看也很有效果。

【 外观技巧的秘诀 】

以现代和风为首、拥有日式造型之外观的住宅，要尽可能地降低建筑物的高度，这样可以得到比较顺眼的外观。在此建议大家使用平房的设计。跟目前主流的 2 层楼住宅相比，平房的外观拥有绝佳的均衡性，其中所包含的魅力，绝对可以吸引委托人的注意。重点在於构造精简的设计。本案例用 1,820 mm 的间隔让墙壁和窗户规则性的排列。窗户的高度几乎抵达天花板，要注意窗框上方的垂壁不可以被外侧看到。

轮流装上双轨式窗户的「龙洋之家」（扇建筑工房）的正面。采用规则性的间隔，就不会给人随便的感觉。左右的袖墙也让外观更加紧凑。倾斜较为缓和的屋顶看起来就像平屋顶一般，让外观得到现代性设计的印象。

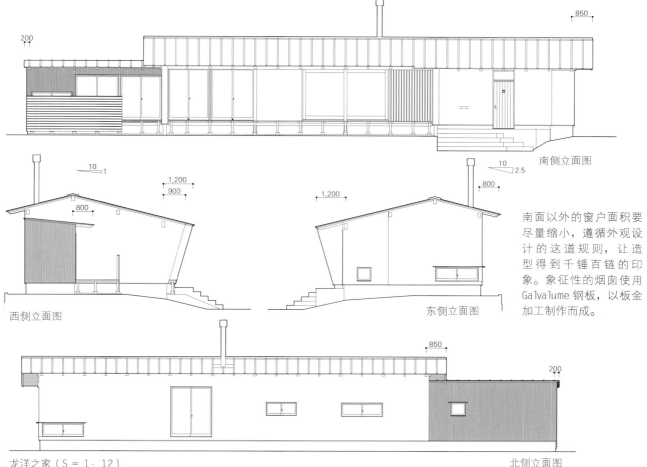

南侧立面图

西侧立面图

东侧立面图

南面以外的窗户面积要尽量缩小，遵循外观设计的这道规则，让造型得到千锤百链的印象。象征性的烟囱使用 Galvalume 钢板，以板金加工制作而成。

龙洋之家（S ＝ 1：12）

北侧立面图

＊缘侧：外走廊。

从屋檐内侧所看到的雨槽。博风板、遮鼻板的表面都是使用糙叶树的木材。

技巧 **09** Japanese Modern

用内建的雨槽创造锐利的外观

「深见之家」(扇建筑工房)的外观。以内建式的雨槽为前提，让屋檐得到锐利的造型。

外观技巧的秘诀

以现代和风为首的日本传统住宅，基本上会采用斜屋顶，让雨槽往外凸出。因此就外观来看，从建筑物外缘往外凸出的屋檐，要尽量采用精简的设计。建议大家可以使用内建的雨沟。这对出自建筑设计师之手的住宅来说，虽然是相当普通的设计，但却让雨槽完全埋在屋檐内部，让建筑物得到美丽的外表。

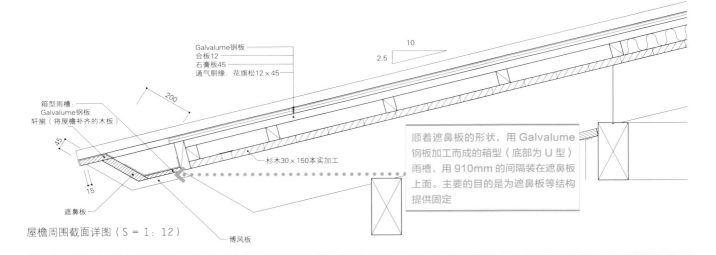

Galvalume钢板
合板12
石膏板45
通气胴缘：花旗松12×45

箱型雨槽
Galvalume钢板
轩揃（将屋檐补齐的木板）

杉木30×150本实加工

顺着遮鼻板的形状，用 Galvalume 钢板加工而成的箱型（底部为 U 型）雨槽，用 910mm 的间隔装在遮鼻板上面。主要的目的是为遮鼻板等结构提供固定

遮鼻板

博风板

屋檐周围截面详图（S = 1 : 12）

外观的 1 个部位，可能会让一切都白费

提升住宅之设计性的时候，思考屋顶跟外墙的造型与颜色固然是很重要，但比所有一切都还要重要的，是细心设计每一个部位，然后正确的进行施工。

比方说雨槽。这是屋顶一定要有的设备，却很少有案例会在装设的时候，特别费心注意。照片 1 是拥有标准设计的住宅外观，却在整体装上大量的雨槽，让所有一切都成为白费。特别是屋顶转角的部分还各装了两条，让外观显得更加丑陋（照片 2）。

之所以会变成这样，推测是设计者或现场的

监工，没有向施工人员下达明确的指示。数量过多的雨槽，让人不得不去怀疑施工业者利用没有明确指示的状况，以自身的利益为优先，使用超出需求的数量。这对屋主来说不只是外观上产生问题，成本方面也出现多余的花费。

这种极端性的案例，对读者来说或许没有什么关联，但管线跟设备、换气孔如果装在不恰当的位置，都有可能糟蹋建筑的外观，设计与施工的时候要充分注意才行〔饭岛政治（FourSense）〕。

1 屋顶装有大量雨槽的住宅。
2 屋檐边缘被装上两根雨槽。

技巧 10

Simple Modern / Japanese Modern

不会影响外观
市面上的雨槽

这栋住宅使用 Galvalume 钢板制造的雨槽「rekugaruba」(Tanita Housing Wear)，跟 HACO 相比，雨槽的底部比较窄。跟 HACO 一样适合造型锐利的住宅使用。

[外观技巧的秘诀]

雨槽会装在外墙延伸出来的屋檐边缘，尺寸虽然不大，却特别引人瞩目。因此要是没有好好处理的话，将成为外观上的缺陷。雨槽的重点在于不显眼、融入住宅的外观。最好是造型精简、单色调、颜色与外墙或屋檐相似。另外，聚氯乙烯的产品所拥有的廉价很容易被凸显出来，可以的话要尽量避免，选择金属的款式。

这栋住宅使用造型精简的半圆型雨槽「Standard 半丸」(Tanita Housing Wear)。娇小的造型跟住宅的外观完美结合。

这栋住宅使用 Galvalume 钢板制造的雨槽「HACO」(Tanita Housing Wear)，长方的箱型结构相当罕见。直线型的构造跟现代风格的设计很好搭配。

技巧 11

Natural Modern

自然性设计
无法缺少的
门窗技巧

窗户 × Natural Modern

用白色外框来装设上下开合之窗户的案例 (Papa Mama House)。窗户周围的底层先铺上木材，然后涂上与外墙一样的颜色，看起来就像是用镘刀堆高一样。

本案例将往外开式的两扇窗户装在白色的外框内 (Papa Mama House)。窗户周围施加有铸造的装饰品。

[外观技巧的秘诀]

Natural Modern 跟现代和风与 Simple Modern 最大的不同是开口材料的选择与开口周围的处理方式。现代和风的基本规则是「不显眼、不特别处理」，相较之下 Natural Modern 的基本规则是「突显出来、进行装饰」。用 French Door 等厚重的木制产品来当作门板，窗户最好也是木造。在窗户周围用铸造的零件当作装饰，也是重点之一。

Simpson 公司制造的 French Door 的整体外观，造型相当厚重。

Simpson 公司用加州铁杉制造的 French Door。厚重的颜色跟建筑外观的风格很搭。

French Door

本案例的外墙材质所使用的角波板（旭化成建材「Hebei Light・Design Panel Arc Line 50」）用 ALC 取代 Galvalume 钢。涂成黑色可以得到沉稳的气氛。由下方介绍的现代和风住宅用在外墙上面。

12

Simple Modern　Japanese Modern

坚持使用容易与现代风格搭配的波浪板外装材质

角波板 × ALC

一般的 Galvalume 钢角波板。跟小波板相比给人比较尖锐的印象。跟 ALC 板不同的，在边缘使用包覆用的配件。

左边是使用 Galvalume 钢板的案例〔「7 Skip floor 之家」（平成建设）〕。虽然属于 Simple Modern 的设计，要是委托人不喜欢将金属板用在正面，可以活用在其他特定部位来形成锐利的感触。

〔 外观技巧的秘诀 〕

角波的外墙材质，可以让外观得到尖锐的印象，不论是和风还是洋风，只要是现代风格的造型就可以拿来搭配。提到角波板等有凹凸存在的外墙材料时，大多是以 Galvalume 钢或铝合金的产品为中心，但如果遇到不喜欢金属材质的委托人，也可以用刻画出角波造型的 ALC（高压蒸汽轻质混凝土）板代替。

角波板 × Galvalume 钢板

5

室外结构的设计技巧

提升一个家给人的印象

室外结构的设计技巧

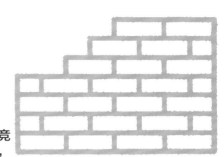

住宅的预算降低，不想把钱花在室外结构的现在，许多优良的工程行为了跟竞争对手有所差别，开始把心思集中在「室外结构」上面。这些工程行非常清楚，对屋主来说充满魅力的住宅，必须拥有良好的外观，而其中许多要素都是由室外结构负责。

○ 在建筑物正面边缘种上 1 棵树

精简外观的正面设有可以种植物的空间，
让外观得到更加丰富的印象（辉建设）。

就算只有 1 棵
也要试着种树

室外结构之中，植物对委托人的满意度有很大的贡献。许多案例会因为没有预算、没有空间而放弃种植物，但可千万不要如此。就算只有 1 颗数万日元的植物，也能得到很大的效果。

○ 种在露台的旁边

在露台旁边种上大花四照花，不论是外观还是露台的景观，都得到了飞跃性的提升（田中工程行）。

受屋主
欢迎

值得推荐的 **1** 棵树

右边所显示的，是建筑设计师和优良工程行积极采用的树种。不论哪一棵都拥有轻飘的感触，可以融入任何一种设计之中。

四照花

鸡爪槭

连香树

大花四照花

◉ 在露台的一部分设置附有灌溉系统的小花园

将可以自动浇水的灌溉系统装在露台上的案例。最适合生活忙碌的屋主（Assetfor）。

◉ 将露台的一部分打穿来种植物

◉ 在露台设置大型的盆栽

盆栽也是选项之一。最好选择可以种植矮树的大型盆栽。照片内的树木为光蜡树（相羽建设）。

让露台的一部分成为种植物的空间

建筑的用地要是没有充分的空间，可以在 2 楼阳台铺上木板，把植物摆在这里。让露台成为私人的花园，增加生活的舒适性。对都市型住宅来说，非常值得一试。

将露台木板的一部分打穿来种植山枫的案例。

◉ 用「本土树种」造园的积水 House

积水 House 的室外结构、绿化事业在 2001 年提出了名为「5 棵树」的奇妙计划。这份计划以「3 棵给鸟，2 棵给蝴蝶，配合各个地区使用本土树种」来当作标语，提倡在屋主的庭园内使用可以跟其他生物分享的本土植物，打造出对人类、对所有生物来说都适合居住的环境。

具体的执行方式，是从日本本土树种之中，包含野生种、自生种、原生种在内，选出大约 100 种的品种。再从这之中另外选出适合各个住宅环境的树木，在住宅的庭园创造出迷你的「后山」，借此对该地区的自然环境有所贡献。除了以个案的方式用在订购型住宅的身上，这份计划也在住宅地分让事业之中发展，

光是 2008 年度一整年下来的种植数量，就高达 85 万棵。

另外从 2007 年开始，创设可以用手机确认树木品种或鸟类叫声的网站「5 棵树 · 野鸟手机图监」。透过住宅、住宅展示场等各种树木身上「植物卡片」的 QR 码，任谁都可以轻松找出树木的详细资料和购买方式。观察大自然的时候也能当作搜寻工具使用，现在每年有达到 10 万以上的浏览数量。

另外，该公司也制作刊载有大约 100 种树木与相关鸟类、昆虫的手册，让营业员带在身上给客户参考，特别是跟喜爱园艺的族群洽谈时，带来了很大的贡献。（田中直树）

用「5 棵树」计划打造的庭院

住宅与住宅展示场的树木上挂的「植物卡片」。

面向西侧的窗户成长的苦瓜。苦瓜容易照顾，还有果实收成的乐趣存在（相羽建设）。

简单又有效的「窗」面绿化

墙面绿化可以得到隔热等各种效果，但是要让整面墙壁都布满藤蔓，却不是一件简单的事。在此要向大家推荐的是，只让窗面绿化的手法。窗户面积较小，要让藤蔓攀爬并不困难。将窗户的阳光挡下，就抗热方面来看也有很好的效果。

⊙ 种苦瓜绿化墙面

从室内看窗户外面，植物缓缓地将太阳光挡下。打开窗户会有凉爽的微风吹入。

缓和阳光
值得推荐的 **1** 棵

墙壁表面对植物来说是严苛的环境，能够选择的植物种类有限。右边介绍的 2 个品种，对土壤跟阳光等条件都不挑剔，照顾起来比较容易。

爬墙虎

常春藤类

小型遮阳板的前端有开孔，用绳子将植物绑住，顺着此处来攀爬。

在通道上要尽量种上植物

不论是住户或者是访客，如果能够在必须往来进出室内的通道上种植植物的话，会大幅改变建筑物的印象和气氛。由于住宅用地内部映入眼帘的机会很多，所以在这块区域里一定要用心做好植栽。

适合种在通道上
值得推荐的 **1** 棵

种在通道的植物，要选择不会阻碍通行、不会往横的方向延伸、容易修剪的品种。光蜡树等品种都是高人气的选择。

光蜡树

加拿大唐棣

梣树

⊙ 在通道上种植高树和矮树

虽然是小型的通道，但组合高树跟矮树，让空间得到延伸出去的感觉（相羽建设）。

○ 用植物覆盖
　建筑物的表面

植物的存在，可以
让外观得到丰富的
色彩。此处种的是
锦绣杜鹃和瑞香。

可以提升 外观印象的 「道路旁」绿化

用地内要是没有足够的空间，在道路
与建筑物之间种植物，也是一种方法。
乍看之下，这样似乎没有什么用处，
但绿色的存在可以提升外观的印象，
与庭园内侧的空间相比，更容易出现
在视线之中，照顾起来也更为方便。

○ 钢筋混凝土护土墙的绿化

在护土墙种上藤蔓等植物，可以让印象大
幅地改观。此处种的是卡罗来纳茉莉（相
羽建设）。

○ 道路旁绿化可以成为
　正面外观上的点缀

在建筑物与停车位
之间的狭小缝隙中
种植加拿列常春藤
（田中工程行）。

○ 在人潮较多的道路旁绿化

种在交通流量较高的道路旁边，可
以得到遮蔽和降低噪音的效果。此
处种的是具柄冬青和黑竹。

可以种在
路旁
值得推荐的 1 棵树

有些树种无法承受汽车
排放的废气。在都市等
交通流量比较高的场所，
可以选择右边这些抵抗
力较强的品种。

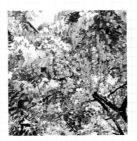

刺槐

枔木

◎ 在小巷内设置露台

◎ 在狭窄的空间设置
双重的木制露台

在围墙与建筑之间，装设市面上所贩卖的露台。可以当作室外的作业场所等，用在各种不同的用途上(Assetfor)。

没有空间
也能设置露台

露台称得上是开放性的室内空间，对屋主来说是令人憧憬的设备。

一般认为前提是用地要有某种程度的规模，但就算狭窄也可以让人满意。

不论是在小巷还是在室内，有跟没有的舒适性可是大不相同。

在小巷之中，设置 1 楼与 2 楼一体成型的双重露台。2 楼的露台可以为 1 楼带来遮阳效果（冈庭建设）。

◎ 铺上露台的迷你中庭

摆在室内中央的露台。将室外的变化有效的带到室内，是非常有趣的尝试。露台下方装有集水井。为了将累积的污垢和落叶去除，可以将露台拆下来清洗（辉建设）。

2 楼较狭窄的露台
要让视线不受阻碍
得到开放性的气氛

露台摆在 2 楼在保护隐私的同时，还可以用更为开放的方式来使用室内空间。用地狭小无法取得充分的空间时，可以将露台栏杆的一部分拆下，让视线抵达远方，来减少狭窄的感觉。

◎ 用钢索来形成开放性的露台

◎ 用方形管制作的开放性露台

将Galvalume钢板之围墙的一部分去除，用钢索来当作安全围栏的案例。就算没有高级的钢索张力系统，也能用圆环螺栓和钢索夹来实现（田中工程行）。

用22mm方形管，以焊接制作而成的栏杆，让阳台得到开放性的气氛（辉建设）。

空间允许
的话尽量
设置大型的露台

要是用地条件允许的话，要尽量设置大型的
露台。
露台要是拥有客厅一般的大小，则可以当作
用餐或休闲的空间，让生活变得更加多元。
可以设置固定式的板凳或其他方便的设备，
鼓励居住者积极地去使用。

○ 让室内与室外融为一体的大型露台

室内地板跟室外露台的铺设方向相同，让内外形成一个大型的空间（冈庭建设）。

○ 设有吊床的大型露台

分别连系土间与客厅的2段式露台。吊床也能
移到室内使用，是露台高人气的附属设备之一
（北村建筑工房）。

在露台边缘装上扶手兼板凳的案例。大型露台
可以用地板的高低差来产生变化（冈庭建设）

○ 设置高低差与扶手的大型露台

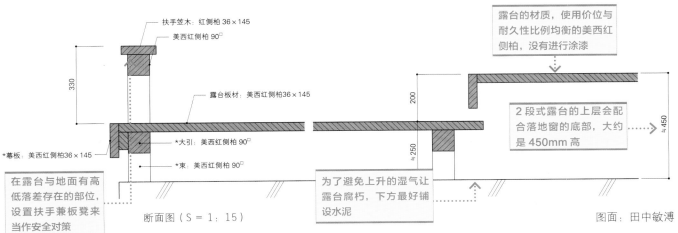

扶手笠木：红侧柏 36×145

美西红侧柏 90□

露台板材：美西红侧柏 36×145

330

*幕板：美西红侧柏 36×145

*大引：美西红侧柏 90□

*束：美西红侧柏 90□

≒250

200

≒450

露台的材质，使用价位与
耐久性比例均衡的美西红
侧柏，没有进行涂漆

2段式露台的上层会配
合落地窗的底部，大约
是450mm高

在露台与地面有高
低落差存在的部位，
设置扶手兼板凳来
当作安全对策

断面图（S = 1：15）

为了避免上升的湿气让
露台腐朽，下方最好铺
设水泥

图面：田中敏溥

* 幕板：区分境界用的长方板材。
* 大引：1楼木造结构的骨架，下方没有地基，用束（骨架的垂直部分）支撑。
* 束：支撑大引的垂直木材。

◐ 在电表装上木制的遮罩

电表、瓦斯表如果必须装在正面，直接裸露在外并不美观。可以像这样用板子围起来（相雨建设）。

◐ 木板的门柱

与木板的围墙用同样的方法，来制作门柱的案例。表面材质跟围墙一样，可以让外观得到统一感（北村建筑工房）。

◐ 将枕木竖起来当作门柱

将枕木加工，当作门柱使用的案例。枕木拥有独特的质感，当作门柱能有强烈的存在感（Assetfor）。

◐ 在门柱装上屋顶来停放脚踏车

从门柱到围墙的部分设有屋顶。在屋顶下方可以停放脚踏车。

无论如何都要设置门柱

不论有没有门、有没有围墙，都要尽可能地设置门柱。

特别是没有围墙的场合，门柱可以当作内外的界线，对防盗也有帮助。

另外，门柱是相当显眼的设备，可以让外观更加丰富。

截面图（S=1:20）的标注：

- 300
- Galvalume钢板⑦0.4 纵向铺设
- Tyvek Roof Liner*
- 结构用合板⑦24
- 照明
- 柱子：方形管 50×100×2.3
- 信箱：不锈钢（成品）
- 杉木板 15×92
- 底层 27×60
- 路边排水沟
- 2,150
- 50
- 50

截面图（S=1:20）

*Tyvek Roof Liner：DuPont-Asahi Flash Spun Products 贩卖的透气防水布。

围墙要用
砖块 + 木板

砖块与木板组合出来的围墙，是优良工程行积极采用的结构之一。
不只是拥有优良的外观，成本也不会太高。
改变木板的尺寸、增加缝隙的距离等等造型的调整也很容易。

◎ 与不锈钢柱组合的砖块、木板围墙

30 X 40mm 的杉木板，以细小间隔的横向铺设，30mm 一方当作正面。加上不锈钢柱，板材交换起来相当的方便 (Assetfor)。

◎ 造型精简的砖块 + 木板的围墙

与下图采用同样构造的案例。装上笠木来提高支柱的耐久性 (相羽建设)。

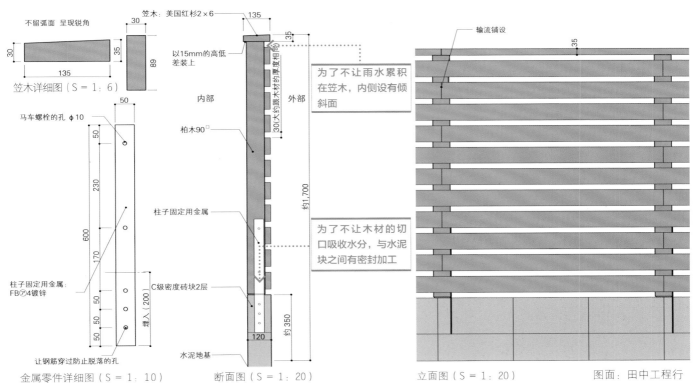

不留弧面 呈现锐角

30

135

笠木：美国红杉 2 × 6

30
35
89

笠木详细图（S = 1：6）

以 15mm 的高低差装上

马车螺栓的孔 φ10

50
50
230
170
600
50
50
50
50

柱子固定用金属：
FB⑦4 镀锌

让钢筋穿过防止脱落的孔

金属零件详细图（S = 1：10）

内部

柏木 90□

柱子固定用金属

C 级密度砖块 2 层

埋入（200）

水泥地基

外部

30（大约跟木材的厚度相同）

约 1,700

约 350

120

断面图（S = 1：20）

为了不让雨水累积在笠木，内侧设有倾斜面

为了不让木材的切口吸收水分，与水泥块之间有密封加工

输流铺设

35

立面图（S = 1：20）

图面：田中工程行

◎ 营造通道高级感的技巧

最上层贴上磁砖，用这个镶边石将磁砖的切口挡住

在高低差的部分贴上镶边石的案例。跟水泥直接露在外面相比，可以给人比较高级的印象（Four Sense）。

将水泥分段铺设让通道产生「缝隙」

考虑到成本与方便性，最好是全部都铺上水泥，但光是这样未免太过单调。
让水泥产生缝隙，并在这个部分种上植物，可以让通道的空间得到丰富的印象。

◎ 用水泥板来呈现石材的风格

看起来像是石板，其实是将表面处理过的产品分割贴上（Assetfor）。

◎ 只用水泥来制作通道

在周围装上外框，可以让分割的水泥看起来像是石板一样

在拥有高低差的通道铺设不同高度的水泥。表面的砂浆与色土混合（相羽建设）。

在水泥的通道周围铺上砂石，并在特定的部位种上植物（Four Sense）。

在分配水泥的方式上下功夫，避免单调的感觉，就造型来看也是很好的Approach（冈庭建设）。

在小巷之中以这种方式分配水泥，创造出让草木生长的缝隙（田中工程行）。

◎ 简易车库也使用「有缝隙」的水泥

简易车库也用这种方式来将水泥分割，在缝隙种上植物，可以大幅改变外观给人的印象。最下方的部分铺上花岗岩的镶边石（相羽建设）。

车库尽可能地
自己制作

特别是位于建筑物正面的时候，车库的屋顶拥有不小的存在感，会对外观造成很大的影响，处理的时候要特别注意。

如果使用市面上的产品，要选择设计性较高的款式，预算不足的话，也可以选择自己制作。

◉ 木工师傅现场打造的车库

以木板制作的车库，工程较为简单，外观也相当不错（田中工程行）。

◉ 与建筑物融为一体的车库，让外观得到点缀

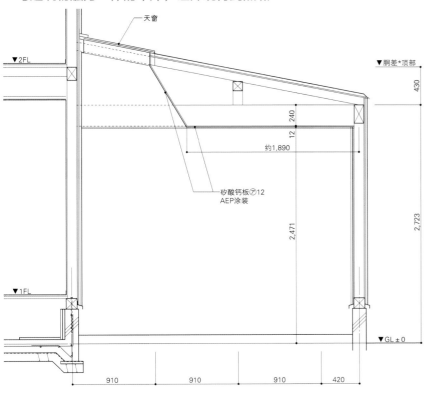

简易车库截面图（S = 1：8）

屋顶上方设置天窗，成为光线明亮的车库。

建筑物与车库的屋顶融为一体，造型上给人精心设计的感觉（田中工程行）。

以下方看不到的角度，来装设固定用的金属配件和排水板。玻璃外框由掾木跟木框组成

天窗截面详细图（S = 1：8）

* 胴差：木造轴组工法之中，在２楼地板的高度，环绕建筑物周围一圈的木材。

让外观拥有柔和印象的木质门板

门板虽然也可以使用市面上的产品，但如果采用木板的围墙，最好是一样是用木材来制作拉门。

虽然属于门窗，还是可以用木工的方式来制作要是跟外墙木板或柱子使用同样的材质，则成本也不会太高。

◎ **以低成本制作的木制大型拉门**

杉木材 60×30mm@60mm

拉门外框是 4m 的杉木材

防止跌倒的 90mm 方木材

宽 4m 的大型拉门。使用流通尺寸的木材，没有任何的浪费。杉木的重量比较轻，开关等操作也会比较轻松（海野建设）。

◎ **现代风格的木板拉门**

用美西红侧柏的木材组合而成的门板。为了跟外墙的质感统一，下方没有设置砖块（辉建设）。

与围墙使用同样的材料、同样的设计来得到一体感。为了提高耐久性，使用弥良来杉。

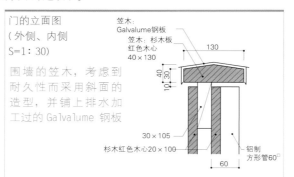

门的立面图
（外侧、内侧
S=1：30）

围墙的笠木，考虑到耐久性而采用斜面的造型，并铺上排水加工过的 Galvalume 钢板

笠木：Galvalume钢板
笠木：杉木板
红色木心
40×130

130
40
30
10

30×105
杉木红色木心20×100
铝制方形管60□
60

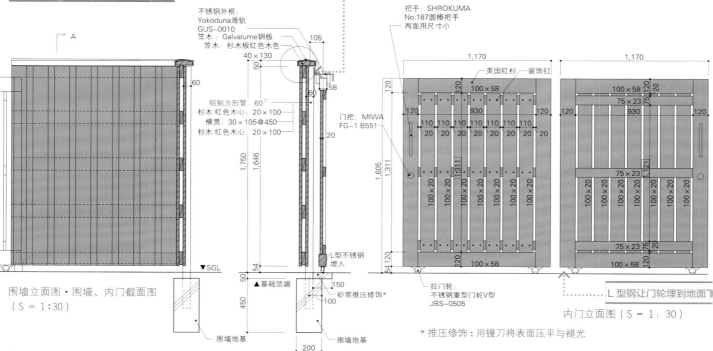

不锈钢外框：
Yokoduna滑轨
GUS-0010
笠木：Galvalume钢板
笠木：杉木板红色木色
40×130

105
50
58
60

把手：SHROKUMA
No.187圆棒把手
两面用尺寸小

门把：MIWA
FG-1 B551

铝制方形管：60□
杉木 红色木心：20×100
横贯：30×105@450
杉木 红色木心：20×100

A

60

1,750
1,646
20

L型不锈钢埋入

▼SGL

50
54
450

▲基础顶端
150
砂浆推压修饰＊
100

围墙地基
200

围墙立面图·围墙、内门截面图
（S＝1：30）

围墙地基

1,170
120
美国红杉　装饰钉
100×58
120
120
930
110 110 110 110 110 110 110 110
20 20 20 20 20 20 20 20 20
1,605
1,311
100×20 100×20 1,311 100×20 100×20 100×20 100×20 100×20
54 120
120
100×58

拉门轮：
不锈钢重型门轮V型
JBS-0505

1,170
100×58 120
20
75×23 75
120
930
120
75×23 75
1,121
100×20 100×20 100×20 100×20 100×20
75×23 75
120
100×58 120

L型钢让门轮埋到地面门

内门立面图（S＝1：30）

＊ 推压修饰：用镘刀将表面压平与褪光

◎ **用生铁制作造型独特的合页门**

将门打开，会留下钢制的外框，给人更加轻快的印象。

由专门的工匠所制作的门板，只要尺寸不大，成本也不会太高，值得令人推荐（Kirigaya）。

◎ **钢制骨架与木板组合出来的合页门**

U型钢的外框与木板组合而成的门板。铁工厂将外框制作好之后，由木工师傅贴上门板（辉建设）。

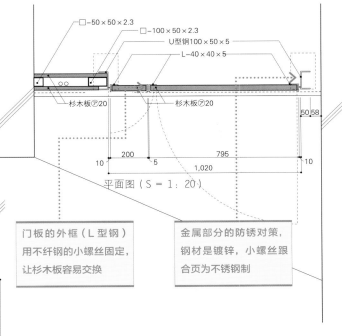

□−50×50×2.3
□−100×50×2.3
U型钢100×50×5
L−40×40×5
杉木板⑦20
杉木板⑦20

50.58

200 795
10 5 1,020 10

平面图（S = 1：20）

门板的外框（L型钢）用不纤钢的小螺丝固定，让杉木板容易交换

金属部分的防锈对策，钢材是镀锌，小螺丝跟合页为不锈钢制

基础螺栓φ16
U型钢100×50×5

关灯125□
杉木板⑦20

门牌

对讲机

信箱

L−40×40×5

10 200 5 795 10
1,020

L−40×40×5 合页

L−40×40×5

PL−3

L−40×40×5 合页

L−40×40×5

20

L−40×40×5

100 合页

L−40×40×5

100 720 240 720 1,680 50

天地栓

底板（左）
130×200 4根固定

底板（右）
130×200 4根固宁

立面图（S = 1：20）

让门的一部分使用金属来得到现代风格的印象

拥有 Simple Modern 设计风格的建筑物，若是使用木板制成的门板，有时会无法取得均衡性。

此时可以活用铁或铝合金的部分，来形成比较轻快的部分。巧妙地运用铁或铝合金的市面产品，可以用较低的成本来得到同样的效果。

〔舒适〕的室外结构计划的标准守则 6

开放性的室外结构越来越普遍化。明确理解「开放」跟
「关闭」的定义，掌握「标准守则」再来进行设计。

守则 1 不设围墙形成开放性的室外结构

光是只有建筑物，外观窗给人廉价的感觉，要是没有围墙的话，植物将显得格外重要

考虑到正面道路的交通流量跟屋主的个人的感受，1楼不装落地窗也是一种选择

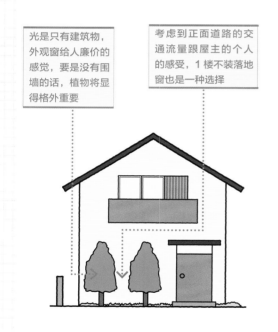

玄关摆在面向正面道路的位置，使用起来虽然会很方便，却有可能让室内被看到。决定位置的时候必须考虑是否将内部往后拉，以及门与铺路的角度

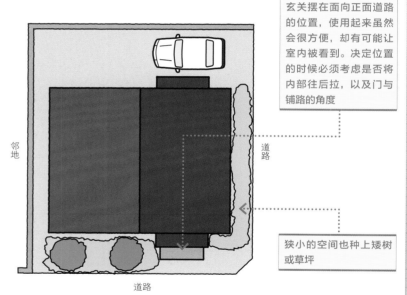

邻地

道路

道路

狭小的空间也种上矮树或草坪

设计室外结构的时候，首先要决定对周围环境要采取「开放」还是「封闭」的风格。此处所指的「开放」跟「封闭」，是指要不要设置围墙等将用地包围、隐藏起来的室外结构。日本以前的住宅，普遍采用封闭性的室外结构，最近则是因为不想造成封闭的印象、不想把钱花在室外结构上，渐渐有越来越多的住宅采用开放性的室外结构。另外，海外则是以开放性的室外结构为主——没有设置围墙的案例也比较多，抱持「积极对外开放」的主义。

不过室外结构要「开放」还是「封闭」，不应该只用成本或流行来简单的决定。住宅用地如果跟交通流量较多的道路相接，「封闭」对居住者来说会比较舒适，如果是面对海边有良好的景观，则「开放」会比较好。另外，屋主对于隐私的思考方式也各不相同，必须将这些条件总和再来决定。

理所当然地，只用「开放」或「封闭」来设计的室外结构，对屋主来说并不会成为舒适的住宅。就算是「开放」的结构也要顾虑到隐私的问题，「封闭」的结构也要思考会不会有压迫感、可以开放到什么样的程度。必须考量这所有一切，均衡地进行设计。

守则 ② 让开放性室外结构的露台拥有围墙

与其用围墙将露台全部围起来，不如让一部分保持开放，可以在内外之间移动，增加使用上的方便性。必要的话种上可以阻挡视线的植物

开放性室外结构的露台，要尽量用同一种材质来设置围墙，让人在使用的时候不用在意外侧的视线

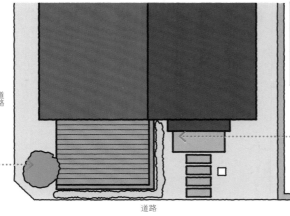

邻地

道路

道路

用木板制作围墙的露台。周围的视线会被围墙挡下（田中工程行）。

守则 ③ 用门柱区分用地的内外

铺上水泥的简易车库的内侧设有门柱。代表门柱以内为私人的空间（相羽建设）。

开放性的用地，很难阻止外侧的人进入。屋主若是对此感到在意，可以在玄关前方设置门柱。在适合当作境界的位置种上矮树，也是很好的方法

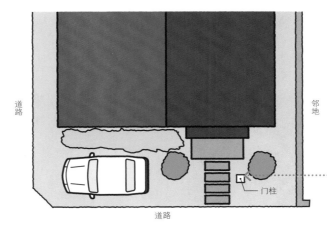

道路

邻地

门柱

道路

守则 ④ 在玄关前方设置小型的围墙

使用开放性的室外结构时，如果对来自道路的视线感到在意，可以在玄关前方设置墙壁。但墙壁的高度最好是低一点，或是使用有缝隙的板状围墙，以免造成压迫感

为了突显出通道的位置，在通道确实的铺上石块、水泥或砂石。围墙无法覆盖的部分，可以用植物来阻挡

摆在玄关前方的白色灰泥墙。降低围墙的高度，以免给人压迫感。另外还将两面墙壁错开，形成往内延伸的感觉（Four Sense）。

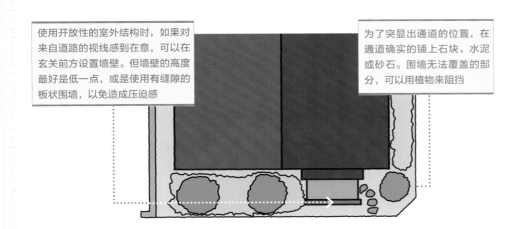

守则 ⑤ 让封闭室外结构的内部开放

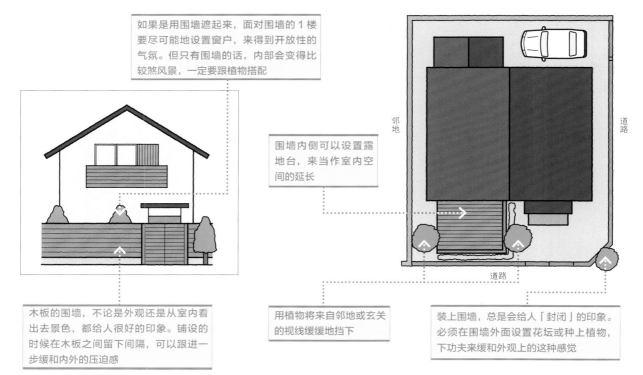

如果是用围墙遮起来，面对围墙的1楼要尽可能地设置窗户，来得到开放性的气氛。但只有围墙的话，内部会变得比较煞风景，一定要跟植物搭配

围墙内侧可以设置露地台，来当作室内空间的延长

邻地

道路

道路

木板的围墙，不论是外观还是从室内看出去景色，都给人很好的印象。铺设的时候在木板之间留下间隔，可以跟进一步缓和内外的压迫感

用植物将来自邻地或玄关的视线缓缓地挡下

装上围墙，总是会给人「封闭」的印象。必须在围墙外面设置花坛或种上植物，下功夫来缓和外观上的这种感觉

横向铺设的木板围墙。板材的正面比较细，并且露出缝隙，让光和风可以缓缓地进入用地内（Four Sense）。

使用横向铺设之木板围墙的住宅外观。木板的围墙与水泥砖相比，给人比较轻快的印象，足以成为外观上的点缀（相羽建设）。

守则 ⑥ 让封闭的建筑物有部分打开

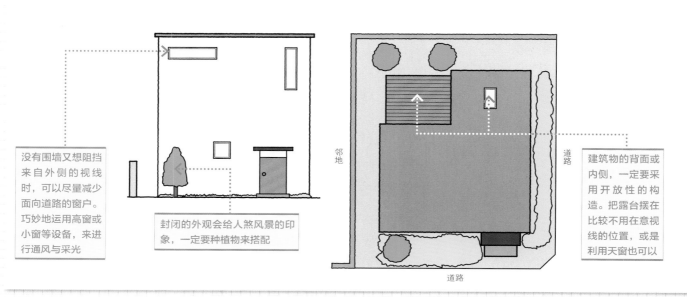

没有围墙又想阻挡来自外侧的视线时，可以尽量减少面向道路的窗户。巧妙地运用高窗或小窗等设备，来进行通风与采光

封闭的外观会给人煞风景的印象，一定要种植物来搭配

邻地

道路

建筑物的背面或内侧，一定要采用开放性的构造。把露台摆在比较不用在意视线的位置，或是利用天窗也可以

道路

6

照明设计技巧

创造舒适的空间

对优良的工程行来说理所当然的

照明设计技巧

优秀工程行，会用照明来跟其他同行有所区别。
这是因为他们很清楚，照明可以让空间给人的印象，产生戏剧性的变化。
不用花太多成本与功夫，且难度也不高。

摆在狭窄空间的家具上

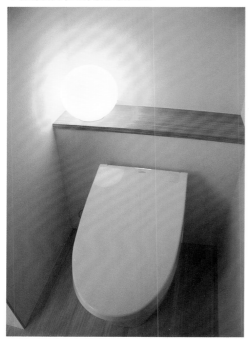

在玄关收纳摆设地板式台灯的案例。也可以光靠这一盏，来负责玄关所有的照明（Kirigaya）。

如果是只有厕所的空间，只用一盏地板式台灯也没有问题。柜子的内侧设有插座（Kirigaya）。

用地板灯
让空间
产生阴影

最为简单且值得让人推荐的，是使用市面上所贩卖的地板式台灯。
在杂货店只要数千日元就能买到。
光是在摆在柜子上面，或是架空楼梯的下方就可以让空间的造型提升好几个层次。
特别是跟架空楼梯拥有绝佳的搭配性。

在架空楼梯的下方摆设地板式台灯，以楼梯为中心创造出拥有阴影的空间（Kirigaya）。

摆在架空楼梯的下方

在架空构造的下方摆上地板式台灯。用崁灯将走廊尽头的墙壁照亮，可以让走廊得到延伸出去的感觉（Kirigaya）。

在玄关收纳与盘空楼梯的下方，设置地板式台灯的空间。本案例只用地板式台灯来当作照明（Kirigaya）。

在墙边设置洗墙
式的崁灯，当作
间接照明来活用
（Kirigaya）。

配合 100mm 四方的
磁砖，使用大小几
乎相同的正方形灯
具，在造型上得到
统一感（Kirigaya）。

在客厅使用大量壁
灯的案例。以多盏
的灯具来确保亮度
（Kirigaya）。

使用壁灯、崁灯来当作间接照明

墙上的壁灯跟一部分的崁灯，光是装在房间内，就能产生间接照明的效果。
对于没有必要特别照亮的房间来说，可以多加利用这种简易照明，来创造出有气氛的空间。

● 建商的 LED 战略

在照明的领域之中，LED 正受到热烈的瞩目。活用 LED 那有别于传统照明的特征，各大建商正积极地展开提案。

Pana Home 在 2011 年 10 月，于东京都新宿的住宅展示场内，设置了所有照明都使用 LED 光源的展示屋。采用的是 Panasonic 电工的制品。展示屋是两代同堂的住宅，由小孩家庭和父母家庭的两栋建筑所构成。父母家庭的一方，所有照明都使用 LED 光源（74 盏），当作时代尖端之节能照明的诉求。小孩家庭的一方，则是用 LED 照明搭配最新式的荧光灯，让人体验降低耗电量之后的灯光亮度。室外结构一样也是使用 LED 照明。

小孩家庭的 3 楼，设有可以让人比较 LED 与白热灯泡的空间，并且标示

有两者的经济效益和二氧化碳排放量。另外在小孩家庭的 2 楼，可以体验配合生活场景来改变照明效果的「Symphony Lighting」。

积水 House 也在 2012 年的 12 月，于关东·住宅之梦工场（茨城县古河市）设置所有灯具都使用 LED 光源的展示屋「生活光亮之馆」。馆内将长条形 LED 当作整体照明来使用。以间接照明的方式将墙壁与天花板照亮，实现不刺眼的照明环境。除此之外，各个部位都可以看到将 LED 融入建材与家具之中，意在摆脱传统住宅照明必须购买灯具来装设的提案。（田中直辉）

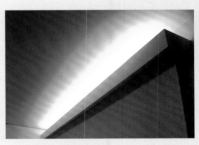

Pana Home 的案例，在天花板的缝隙内（家具上方）装设 LED 照明。

积水 House 的案例，用 LED 光源来当作厨房照明。可以按照时间来调整亮度。

间接照明最适合
给卫浴使用

大部分的卫浴，都不需要进行读书和家事等，比较细微的作业用间接照明来大胆计划一番，也很少会出问题。

此处的照明计划要重视气氛，缓和卫浴空间冰冷的表面。

◎ 在镜子内侧装上照明

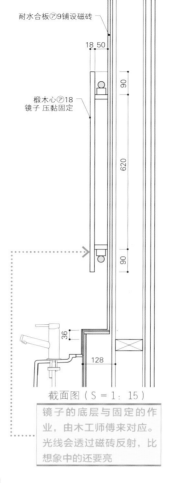

耐水合板⑦9铺设磁砖

18.50

椴木心⑦18
镜子 压黏固定

90

620

90

铺设磁砖
砂浆
针叶树合板⑦12

36

128

截面图（S = 1：15）

镜子的底层与固定的作业，由木工师傅来对应。光线会透过磁砖反射，比想象中的还要亮

镜子内侧的光线会扩散到天花板与洗脸台，让空间充满柔和的光芒（kirigaya）

在镜子内侧装上照明的案例。卫浴与间接照明很好搭配（kirigaya）

◎ 用间接照明来照亮浴室天花板

LED
照明

铺设磁砖
砂浆
针叶树合板⑦12

截面图（S = 1：20）

在浴室的窗户上方装设照明的案例。考虑到维修的问题，采用LED光源（Organic Studio）。

垂壁的部分铺上 20mm 厚的椴木心来强化结构

20　28 35 28 7　　12.5

石膏板
⑦12.5
铺设壁纸

椴木心
⑦20
铺设壁纸

荧光灯：
Odelic
Compact Type
OL015 193
全长1,000mm
33W

有效
≒110

石膏板⑦12.5上、
镶嵌磁砖⑦7铺设

截面图（S = 1：10）

◎ 把照明装在墙内

镶嵌磁砖直接用接着剂贴在底层的石膏板上

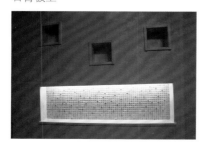

挖穿墙壁
来创造
设计性的空间

把墙壁凿穿，在里面装设照明也是一种方法。

但使用这种手法的时候，设计的品位将非常重要。光是与墙壁使用同样的材质并装上照明也行，但如果能像照片这样调整表面材质，可以形成店面一般的高质感空间。

萤光灯在镶嵌磁砖的反射之下，成为印象深刻的光泽（Assetfor）。

用建筑照明照亮天花板让空间得到延伸

所谓建筑照明，就是在装修建筑时纳入间接照明的意思。

虽然建筑师等人大多使用固定的照明方法，但事实上做好建筑照明并不难。

将天花板或者是墙壁一部分做变更，在变更处安装照明设备就可以了。

让天花板的一部分延伸来当作间接照明的案例。照向天花板的光线成为柔和的光芒，将空间包覆起来（Kirigaya）。

○ 让天花板延伸出去来设置间接照明 1

2楼地板梁

椴木心⑦30

照明器具20×40
石膏板⑦9.5
铺设Runafaser

截面图（S = 1：8）

让边缘的部分竖起，防止光源被直接看到。为了增加光的反射，将内侧涂成白色

○ 让天花板延伸出去来设置间接照明 2

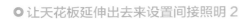

椴木心⑦30
石膏板⑦15
壁纸

天花板凸出来的尺寸150mm，将荧光灯装在此处。用椴木心来强化底层

将天花板的一部分改成建筑化照明的案例。用现场制作的简单结构跟荧光灯，形成充满气氛的空间（Assetfor）。

斜梁
结构用合板⑦24

截面图（S = 1：10）

石膏板⑦15
壁纸

用现场加工制作成梁的造型，在内部装潢之中不会给人不协调的感觉

○ 兼具窗帘轨道盒

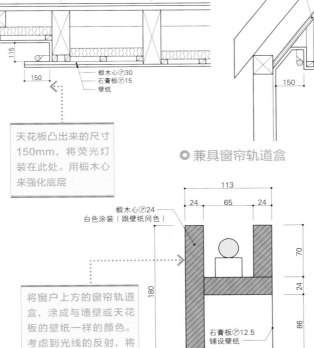

椴木心⑦24
白色涂装（跟壁纸同色）

石膏板⑦12.5
铺设壁纸

截面图（S = 1：5）

将窗户上方的窗帘轨道盒，涂成与墙壁或天花板的壁纸一样的颜色。考虑到光线的反射，将内侧涂成白色

将窗帘轨道盒的一部分加工，来设置照明的案例（Kirigaya）。

◎ 将照明装在柜子上方

在厨房的柜子上方装设照明。清楚照亮柜子内的器具。

装饰棚: St⑦1.6 φ12
密胶涂布
椴木心⑦15

LED照明

装饰柜的后方空出6mm 左右，让光线可以抵达下方的柜子

截面图（S = 1∶20）

◎ 直接装到柜子内

花旗松20×120

LED照明

跟白热灯泡相比，拥有投射灯一般的效果，可以当作展示照明来使用

墨竹

山樱

330

截面图（S = 1∶20）

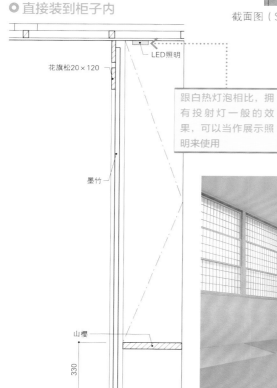

这间和室没有在天花板设置灯具，用凹间的两个照明将整个室内照亮（Organic Studio）。

用家具制作简单的间接照明

家具会让室内产生凸出与凹陷的部位，我们可以利用这些凹凸，来设置照明。

特别是现场打造的家具，可以事先策划好电线的位置，以及更加有效的照明计划，摆在光线可以抵达天花板、地板、墙壁的位置，成为有效的间接照明。

◎ 摆在家具的上面

▲CL

700
300   100   300

照明器具
SAL−D500A

照明器具
ADE950881

140   140

103

棚柱使用

可动柜4枚

100

插座

18

1,060

1,760

背板与横板之间的缝隙

16

1,200

30

570   700

高1,800 mm、深700mm，在这个拥有存在感的家具上方装设照明，把常常因为家具而太暗的天花板照亮

截面图（S = 1∶20）

装在柜子上方的间接照明，另外准备有作业用的投射灯（Kirigaya）。

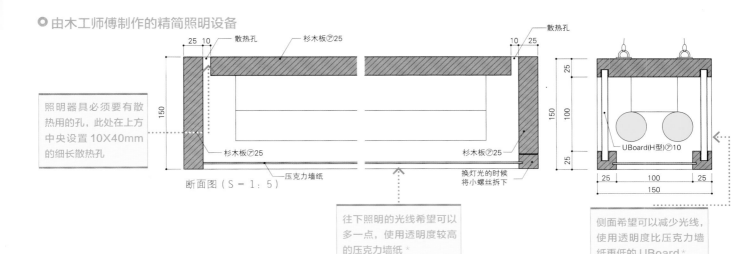

散热孔　杉木板⑦25　散热孔

25　10

150

照明器具必须要有散热用的孔，此处在上方中央设置 10×40mm 的细长散热孔

杉木板⑦25　压克力墙纸

断面图（S = 1：5）

往下照明的光线希望可以多一点，使用透明度较高的压克力墙纸*

10　25

150　100

杉木板⑦25

换灯光的时候将小螺丝拆下

UBoard(H型)⑦10

25　100　25
150

侧面希望可以减少光线，使用透明度比压克力墙纸更低的 UBoard*

用半透明的材质改变房间内光线的质感

荧光灯在穿过半透明的材质之后，可以均衡得将整个室内照亮，很适合用在住宅空间。在此介绍一些使用半透明的板材，由木工师傅以低成本制作的精简照明设备。

本照明组合压克力墙纸 跟 U Board* 这两种不同的半透明材质（冈庭建设）。

● 在补强用的斜梁装设照明

补强用的斜梁在室内是比较碍眼的存在，透过这种方式，可以成为空间内照明效果的一部分（冈庭建设）。

● 在天花板的一部分装设纸门，来成为间接照明

本案例把荧光灯直接装在天花板的底层，配合地板梁的宽度来装上纸门当作遮罩（冈庭建设）。

将天花板的一部分打穿，将荧光灯装在内部，用贴上压克力墙纸的纸门当作遮罩。

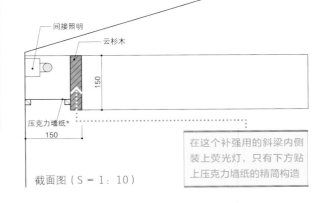

间接照明　云杉木

150

压克力墙纸*
150

截面图（S = 1：10）

在这个补强用的斜梁内侧装上荧光灯，只有下方贴上压克力墙纸的精简构造

* 压克力墙纸（Acryl Warlon）：Warlon 制造的压克力纸。
* U Board：ASAHI FIBER GLASS 制造的玻璃纤维板。

如何善用 不同的照明器具

就算没有使用复杂的照明器具，只要掌握崁灯、吊灯、天花板灯这三种照明的使用方式，几乎所有的照明计划都可以实现

照明是可以用较低的成本，来提升「外观」品质的工具。再加上人类的生理节奏会受到光线变化的控制，巧妙地运用照明，可以打造出让人生活起来身心舒适的住宅。

住宅照明的主要功能有①确保安全性、②可视性（让东西看得清楚）、③舒适性（光所造成的生理、心理效果）、④演出性（乐趣）等4种。传统住宅的室内照明之中最为普遍的1室1灯，虽然可以达到①跟②的需求，却无法实现③跟④。

在此整理出可以提升住宅品质，并且达成这4种需求的手法。希望能帮助大家掌握光线的运用，设计出让屋主满意的住宅计划。

增加房间亮度的是表面材质

照明计划不可以只用灯具本身的亮度来思考，室内装潢的表面材质也必须纳入考量，这点请千万注意。照明所呈现出来的视觉性的亮度，主要来自于被照亮的天花板、墙壁、桌子表面，灯具本身的光芒反而占比较小的部分。屋主要是希望有明亮的气氛，最好是选择反射率较高（偏白色）的表面材质，而不是采用亮度较高的器具。

反射面对间接照明的重要性

在现场打造的家具之中装设间接照明，是照明技巧大展身手、让设计水准更上一层楼的最佳舞台。设置间接照明的时候不可以唐突，必须配合门窗高度、跟窗帘轨道盒、内装材料化为一体－以此来进行提案，可以更进一步提升住宅的品质。

但最为基本的，是不可以让光源被看到，只用间接性的光芒来给人明亮的感觉。若想秉持这个机制来创造出明亮的空间，提高反射面的亮度将扮演关键性的角色。另外，如果反射面带有光泽，可能会让隐藏起来的灯具形成倒影，要多加注意才行。（福多佳子）

◎ 崁灯排列的设计案例

如果是方形的灯具，只用2盏或4盏的落地灯来进行排列，就可以得到某种程度的造型。

O 邸

建筑设计、施工：彩 Home
计划：中山由子

照明设计：中岛龙兴照明设计研究所 福多佳子

◎ 各种风格之崁灯的使用方式

照片提供：Yamagiwa

玻璃修光罩
想要将装饰效果当作点缀的时候使用。

白色挡板
没有开灯的时候看起来很自然。

镜面反射镜
没有开灯的时候看起来会比较暗。

黑色挡板
必须考虑到天花板的颜色。

无眩光反射镜
反射镜亮起来不会被看到。

聚光遮罩
不想让光扩散时使用，效率差。

呈现光的存在感　　　　　　　　　　　　　　　不让人感到眩目、不凸显光的存在感

善用不同种类的崁灯

○ 想让整个房间亮起来的时候，采用这 4 种

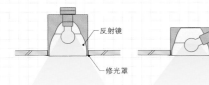

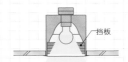
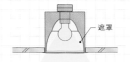

附带反射镜的纵型崁灯（左）
附带反射镜的浅型崁灯（右）

- 使用白热灯泡、迷你氪灯泡、灯泡型荧光灯、紧密型荧光灯等光源时，用反射镜有效率的让光往下照射。
- 想让整个房间亮起来的时候使用，不适合聚光用途。
- 灯具分成纵型与浅型，天花板内侧的空间如果比较不够，可以选择浅型。就算使用同一瓦数、同一种类的光源，正下方的亮度也会因为反射板的性能而变化，必须确认配光资讯。
- 天花板使用隔热材质的部分，必须配合 SB 型（Blowing 工法）、SG 型（隔热垫工法）、SGI 型（高气密隔热垫）等隔热材质的款式，来选择灯具。

给附带反射镜之光源使用的崁灯

- 使用反射灯泡、光束灯泡、双色卤素灯泡等，光源本身已经有反射镜的崁灯。
- 可以直接用光源本身的配光，来选择光线扩散的方式。
- 修光罩开口的直径较小，用在装饰柜等部位，可以得到聚光的演出效果。

附带挡板的崁灯

- 修光罩垂直的部分有名为挡板（Baffle）的锯齿状构造，可以缓和眩目的现象。
- 修光罩跟挡板的颜色有黑白两种。黑色可以抑制眩目的现象，白色可以融入白色的天花板之中，与黑色相比光线比较柔和。
- 浅型、隔热施工用、附带反射镜的光源专用等等，种类相当丰富。

附带遮罩的崁灯

- 许多是给屋檐下方（防滴型）或浴室（防湿型）使用，因为遮罩的关系，照明效率比较差。
- 遮罩有透明与乳白色，乳白色的光线比较柔和，但正下方的亮度比透明遮罩要低。
- 修光罩如果是木框或方形，使用乳白色的灯罩可以形成柔和的光线，比较适合给和室使用。

○ 聚光来照亮植物等物品时，采用这 3 种

○ 间接照明使用这种灯具

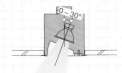
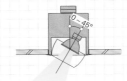
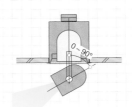
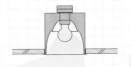
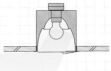

可调式崁灯

- 投射灯的部分完全隐藏在内，外表与整体照明的灯具相同。
- 可动部位在灯具的深处，一般来说照射角度为 0~30°。
- 配光范围如果比较宽广，光线会被修光罩的部分遮住，让效率变差。
- 可以配合家具的陈列方式，以不改变灯具外观为前提，来调整照射范围。

全周崁灯

- 投射灯的一部分从天花板凸出，会被通常的视线看到。
- 一般的照射范围是 0~45°，就算配光范围比较宽广，也不用担心会被修光罩遮住。
- 跟可调式崁灯的用法相同，但照射角度的调整比可调式落地灯更加容易。

落地型投射灯

- 从崁灯的开口，将投射灯拉出来的类型。
- 一般的照射范围是 0~90°，分成投射灯完全隐藏在内的类型，跟一部分的投射灯露在外面的类型。
- 使用方法与可调式崁灯、全周落地灯相同，但照射角度调整起来最为容易。

洗墙式崁灯

- 如同水流过墙壁一般，可以将墙壁均匀照亮的崁灯。
- 产品目录有记载灯具跟墙壁之间的理想距离，以及灯具之间应有的间隔，以此来装设可以得到洗墙的效果。
- 分成跟整体照明同样的类型，以及修光罩的部分装有反射板，只从天花板边缘开始照亮的类型。
- 垂直面虽然可以得到均等的亮度，但如果想得到局部性的照明，投射灯会比较有利。
- 如果在墙上吊挂壁毯等大型装饰物，可以减少上下左右之光线的落差，想要呈现出整面墙壁，或是表现出延伸出去的感觉时使用。

善用不同种类的 吊灯

○ 餐桌的吊灯
可将脸部美丽地照亮

在餐桌使用吊灯时，除了可以让料理看起来更加美味，同样重要的是将一同用餐之人的脸部美丽地照亮。灯具最好是光源不容易被看到的造型。若是像左上图这样，灯具本身不会透光的材质，则另外可以加上间接照明等整体照明。

○ 灯具高度
距离桌面 700 mm

> 吊挂灯具的高度大约是700mm，让光线可以均衡的将脸部照亮

> 灯具的尺寸（多盏的总长度）可以桌子 1/3~1/2 左右的长度当作基准

缆线的长度大多是在1m左右，如果天花板的高度比较高，可以选择长度可以调整的灯具，或是在选购时指定缆线的长度（另外须要加工费用）。

○ 依照天花板的呈现方式
来改变装设手法

法兰盘型
直接装设的场合，大多会装在天花板钩上面。

半埋入式
将法兰盘的部分装在天花板内的埋入式灯具，可以让天花板得到清爽的外观。也有可以收纳缆绳的类型。

灯用轨道型
可以在灯用轨道的范围内移动，有些款式可以将缆绳收在底座内。

在透天的客厅使用灯具本身不透光的吊灯。跟周围的间接照明搭配来得到相乘效果。一边活用透天的开放感，一边确保水平面的亮度。灯具刻意选择黑色，与楼梯等设备的钢材取得调和。

S 邸
建筑设计：TKO-Marchitects.
冈村裕次
照明设计：中岛龙兴照明设计研究所福多佳子

善用不同种类的 天花板灯

○ 灯具的尺寸
由房间的大小来决定

> 房间对角线长度的 1/8~1/10

我们可以用房间对角线的 1/10~1/8 来当作灯具大小（直径）的基准，跟空间取得均衡。

○ 选择光源形状
不容易被看出的款式

许多天花板灯会使用乳白色的玻璃或压克力灯罩，但如果遮罩跟光源之间的距离不够充分，会像照片这样让人看到光源的形状，失去高级的气氛，必须多加注意才行。

○ 考虑维修上的
方便性

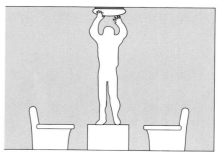

交换天花板灯的光源时，必须用双手将大型的压克力或玻璃遮罩拆下，高龄者在作业的时候很容易失去平衡，要多加留意是否会有跌倒的危险。

善用不同种类的光源

矽胶　　　透明

一般灯泡

- 廉价又普遍的灯泡。分成矽胶与透明这两种。

- 有 100V 与 110V。用 100V 来使用 110V 的灯泡，可以自然地进行调光，亮度虽然会减低，但可以延长寿命。

- 透明灯泡会发出闪烁的光芒，矽胶则会发出柔和、不耀眼的光线。

〔价格（日元）〕160～520〔寿命（小时）〕1,000、2,000（长寿型）〔灯座〕E26

迷你氪灯泡　　迷你灯泡

雾面　透明　　雾面　透明

迷你氪灯泡 / 迷你灯泡

- 小型、寿命比一般灯泡要长。有雾面跟透明两种。从基本的落地灯到装饰性照明，可以用在许多灯具上面。

- 用在枝形吊灯或凸出较小的壁灯时，也可选择长度较短的迷你灯泡。

- 有 100V 跟 110V 两种。

〔价格（日元）〕300～400/190～220〔寿命（小时）2,000、4,000（长寿型）/1,000〔灯座〕E17

迷你反射　反射灯泡　光束灯泡

迷你反射灯泡 / 反射灯泡 / 光束灯泡

- 附带反射镜的光源，给崁灯或投射灯使用。

- 迷你反射灯泡跟反射灯泡所发出的光芒，比附带彩色滤光片之卤素灯泡更加柔和。

- 光束灯泡在室内和室外可以通用。

〔价格（日元）〕400～540/350～1,450/开放价格〔寿命（小时）〕1,000(30W)、1,500（25、40W)/1,500（室内）、2,000（室外）/2,000〔灯座〕E17（迷你反射）、E26（反射灯泡'光束灯泡）

光束卤素　迷你 HOLOPIN　迷你卤素灯
灯泡 E11　灯泡 G9　泡 G4/GY6.35

迷你卤素灯泡 /HOLOPIN* 灯泡 /12V 迷你卤素灯泡

- 光源小、几乎接近点状，容易用反射镜来控制。

- 灯具的造型可以小型化。

- 依照瓦数的不同，也可以选择雾面来得到比透明更加柔和的光芒。

- 有 100V 跟 110V 两种。

〔价格（日元）〕1,600～3,400/480/700～1,350〔寿命（小时）〕2,000/2,000/2,500（20W）、3,000(5W、10W)〔灯座〕E11 /G9/G4、GY6.35

100V 用　12V 用　　12V 用
（E11）　（EZ10）　（GZ4/GU5.3）

附带彩色虑光片卤素灯泡 100V 用 (E11)12V 用 (GZ4/GU5.3)

- 附带反射镜的光源，可以把光线推到正面，让红外线折射到后方，给崁灯或投射灯使用。

- 可以用狭角、中角、广角等光的扩散方式来进行选择。

〔价格（日元）〕2,500～3,400/2,100～3,800〔寿命（小时）〕2,000～3,000/2,000～4,000〔灯座〕E11(100V 用）、EZ10/ GZ4、GU5.3(12V 用）

直管型萤光灯 FL/Hf

- 除了办公室的整体照明之外，也用来当作住宅的间接照明。

- 跟 FL 相比，Hf 型较为节能且效率较高。

- FL40W 跟 Hf32W 的某些灯具，安定器可以通用。

〔价格（日元）〕650～2,000'900～1,400〔寿命（小时）〕3,000～15,000〔灯座〕G13

直管细管型萤光灯 TL5

- 管的直径只有 16 mm，寿命相当地长，适合装在空间狭窄的部位来当作间接照明。

- 也有给插座使用的灯具存在，可以在事后安装来当作间接照明。

〔价格（日元）〕1,100～2,500〔寿命（小时）〕24,000〔灯座〕G5

环型（双重管）　方形

环型（双重管）环型萤光灯

- 大多由天花板灯使用。

- 灯具的形状有环型与方形，有些会以细管来重叠。

〔价格（日元）〕开放价格（2,100、4,300)/2,400、2,900〔寿命（小时）〕6,000～9,000（10,000～12,000)/15,000〔灯座〕G10q(GU10q)'GZ10q

---

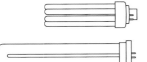

紧密型萤光灯 FPL (FHP)/FDL/FML/FHT

- 将较细的萤光灯2根排在一起 (FPL/FHP)、将4根平行的排在一起(FML)、4根萤光灯以各2根的方式排在一起 (FDL)、将6根重叠排在一起等等，按照形状来选择。

- 有瓦数比灯泡型萤光灯要高的款式存在，可以当作落地灯使用。

〔价格（日元）〕950～3,600〔寿命（小时）〕5,000～9,000(12,000)/6・000/6.700～7,500/10,000〔灯座〕依照瓦数、灯泡的形状而不同

A 型　　D 型　　G 型　　平坦型

灯泡型萤光灯

- A 型是一般白热灯泡的形状，G 型是模仿球型的光源。

- 灯座若是相同，可以从白热灯泡直接换成灯泡型萤光灯，但还是得事先确认。

- 有些款式可以在打开之后瞬间亮起，但一般都要些许的时间才能达到最高亮度。

- 平坦型会用在浅型的落地灯，或是凸出较小的壁灯上面。

〔价格（日元）〕未定 /1,800～2,300〔寿命（小时）〕6,000～13,000〔灯座〕E 26/E17/GX53 -1

E26　　E17　　E26　　100V 用　　平坦型

LED 灯泡

- LED 灯泡的种类越来越多，包含与灯具一起成型的款式在内，几乎所有的照明器具都可以使用 LED 光源。但是跟 LED 相关的品质基准、安全基准却尚未完善，必须考虑用途来严格的挑选。

- 常夜灯、不容易维修的场所、想要降低灯具所发出之高温的照明场所等等，都适合使用 LED 光源。

- 跟一般灯泡、迷你氪灯泡相比，横向所发出的光量较少，给吊灯或台灯使用时要多加注意。

〔价格（日元）〕未定〔寿命（小时）〕20,000～40,000〔灯座〕E26 /E17/E11/GX53-1

---

*HOLOPIN 灯泡：最为紧密（小型）的卤素灯泡。　注：瓦数的种类与色温度、价格等产品规格，会随着制造商的不同而出现些许的变化。

［各种房间］的照明设计技巧

照明必须拥有的要素，会随着房间的用途、在这个房间进行的行为而变化。掌握各个房间对于照明的基本思考，来设计出高品位又符合需求的造型。

● **照度的基准**（引用：照明基准总则 JISZ91102010 修订）

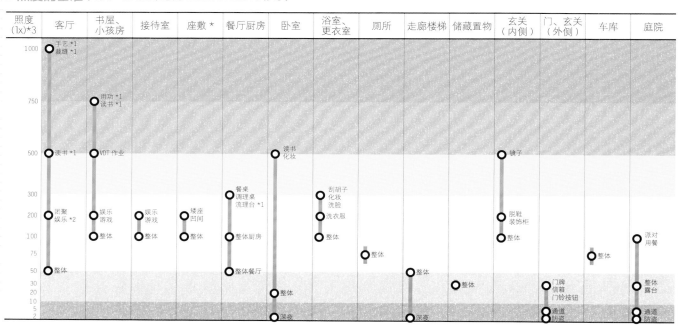

*1 的行为之中，作业区域的均整度（最小照度／平均照度）在 0.7 以上。

*2 与轻松阅读、娱乐行为归类在一起。

*3 考量照度、可维护性（包含光源的光束维持率与灯具污垢对光的影响）之后的维持照度的建议数值。

注 1 建议照度的基准面，桌上视觉性作业的场合为距离地面 0.8m、以坐姿作业时距地面 0.4m，显示数据为平均值。

注 2 储藏室、置物间、车库以外之使用光源的演色性评估数据在 Ra80 以上。

依照行为来设定亮度

住宅内的各个房间、各种行为所需要的亮度，要参考 JIS(日本工业规格) 的照明基准（JIS Z9110 2010 修订）来策划。另外在与屋主讨论的时候，要询问有谁会在哪些房间进行什么样的活动，综合两者来组合照明器具，或是用调光来实现理想的亮度跟气氛。人类的视觉机能会随着年龄而衰退，最好是设置多盏照明器具来进行对应，同时也可以得到节能的效果。

考虑到维修的方便性

时间所造成的衰退，不只是跟亮度有关，也会影响到更换灯具的作业。因为更换灯具而不小心发生意外的家庭事故不在少数，大型的照明器具也会增加维修作业的困难度，必须多加注意才行。开关的位置与电路的区分等等，设计时也必须考虑居住者使用上的方便性。随着年龄的增加，夜晚上厕所的次数也会变多，走廊与厕所必须要有不会亮到让人清醒过来的照明。由动态感测器所控制的地板灯，是非常有效的选择。

（福多佳子）

* 座敷：日本镰仓时期，贵族豪邸用来宴客的房间，现代住宅则是指高级的和室。

客厅、餐厅

可以组合
间接、直接照明

客厅、餐厅等空间除了用餐之外，也是用来团聚或休闲的空间，组合间接照明与直接照明来对应各种活动，是非常有效的手法。基本上会一边使用间接照明，一边用直接照明来进行娱乐，作业或用餐等行为，可以用投射灯或吊灯来对应。

○ 餐厅跟厨房
要将餐桌与手边照亮

餐厅与厨房一体成型的空间，要统一使用暖色系的光源，如果无法在手边设置灯具，必须用崁灯或天花板灯来将作业台的表面照亮。

○ 客厅会一并使用
直接照明与间接照明

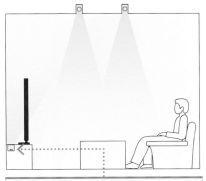

> 如果要当作家庭剧院，会设置逆光来缓和电视跟环境的亮度落差

为了对应各种不同的行为与目的，将直接照明与间接照明一并使用。让白热光源的灯具使用调光式开关，可以让照明的演出更加灵活。

○ 把植物照亮
为房间创造气氛

在现场打造之家具的顶部设置萤光灯，会比较容易形成间接照明。把投射灯装在灯用轨道上，将室内植物或绘画照亮，可以改变一个房间所拥有的气氛。

> 在倾斜天花板设置吊灯时，有些灯具得跟缆线吊挂器一起使用

○ 在倾斜天花板
使用间接照明

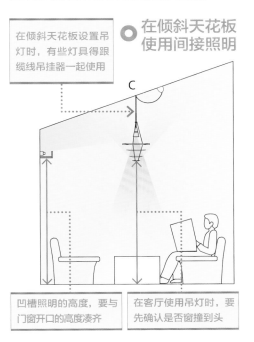

C

> 凹槽照明的高度，要与门窗开口的高度凑齐

> 在客厅使用吊灯时，要先确认是否窗撞到头

在倾斜的天花板从低侧采用内凹照明的话，光线从低侧漂亮的散射开来，会形成柔和和渐层的效果。

○ 吊灯要使用
看不到光源的类型

如果只用吊灯来当作照明，建议使用无法直接被看到的光源，以及可以得到间接照明之效果的造型。较为温暖的颜色可以促进肠道活动，建议使用暖色系的白热光源。

○ 用聚光性的照明
实现餐厅般的气氛

装在灯用轨道上的吊灯，可以对应伸展式的餐桌。吊灯灯具的材质若是可以透光，用投射灯将室内植物或绘画照亮，可以形成餐厅般的气氛。

○ 组合吊灯
与间接照明

与间接照明一起装设时，可以选择本身不透光，让餐桌更加明亮、显眼的吊灯款式。

在玄关
用光的演绎
来迎接人

玄关是一个家的门面。
设计照明的时候，必须用温暖的气氛来迎接
回到家中的成员，或前来造访的客人。
玄关不是专门用来作业的场所，设计时也可
以使用间接照明大胆的进行演出。

◯ 在玄关用崁灯
演出迎接对方的照明

玄关的整体照明，要选择光线柔和
的灯具，来装在入口挡板的上方。
要是有装饰柜存在，可以加上聚光
型的落地灯，让局部照明成为迎接
性的演绎。

◯ 在玄关镜子前方
设置照明

玄关若是有装镜子，要将镜子前方
照亮。利用玄关收纳来设置间接照
明时，要注意土间地板表面的光泽，
是否会形成光源的倒影。

用壁灯在
走廊、楼梯
创造出阴影

走廊或楼梯只用来走动，以间接照明来进行
照明即可。
但要注意不可以去妨碍到通行，另外也要准
备脚灯这类的补助性照明，一并思考安全对
策。

◯ 走廊墙上的照明
要选择不会碍事的款式

若是在较为狭窄的走廊使用壁灯，
要选择凸出较少的款式。比方说右
上这两张图，右边这种灯具会比较
理想。考虑到深夜上厕所的问题，
另外加装用动态感测器控制的脚
灯。

◯ 用装在墙上的灯具
来得到间接照明的效果

将不透光的灯具当
作间接照明，可以
形成戏剧性的效果，
让人留下深刻的印
象。天花板的表面
若是比较暗，将无
法得到充分的亮度，
必须多加注意。

上下会有光芒的
灯具，一边得到
间接照明的效
果，一边确保脚
边的亮度。

◯ 用崁灯在楼梯
创造出适度的阴影

为了让人看清楚楼梯的高低落差，
让坎灯使用萤光灯等柔和的光源，
来创造出适度的阴影。考虑到深夜
的行动，另外加装了脚灯。

◯ 楼梯的壁灯要使用
不会看到光源的款式

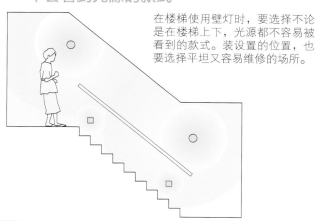

在楼梯使用壁灯时，要选择不论
是在楼梯上下，光源都不容易被
看到的款式。装设置的位置，也
要选择平坦又容易维修的场所。

在卫浴设备
使用柔和的照明

卫浴设备一般都是小型的单人用空间，是比较容易用照明来得到效果的场所。进行照明计划的时候可以尽情地发挥，来实现店铺或酒店般的气氛。

人在卫浴空间内的行动已经事先决定，一定要去注意照明的机能是否充分。

○ 洗脸时要让脸部美丽地呈现

洗脸台的照明，必须将脸部美丽地呈现出来。用雾面光源扩散出来的柔和光芒，从头部上方的两侧照亮。可以跟脱衣服用的整体照明一并使用。

○ 均衡的照明要让光线照到脸部

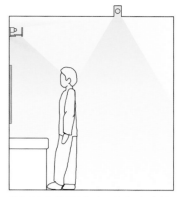

设置均衡的照明时，必须在站的时候让光线照到脸部，以此来设计灯具的高度。使用压克力等材质的乳白色灯罩，让人无法从下方直接看到光源。

○ 可以了望庭院的浴室外侧明亮、内侧较暗

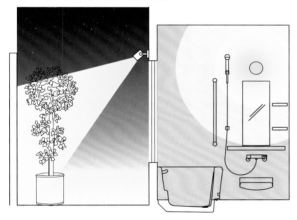

一边欣赏庭院一边洗澡的时候，要将室外照亮，并且用调光来降低室内的亮度，缓和室内的倒影。将树木等物体照亮，可以更进一步提升气氛

○ 用玻璃区隔的浴室要采用连续性的照明

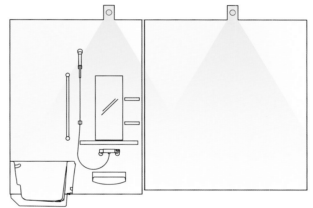

若是用玻璃来区隔浴室跟脱衣间，必须采用连续性的照明。为了让人放松，采用可调光式的开关，来得到足以让人松懈下来的效果。

○ 厕所的照明必须可以调光

厕所内另外设有洗手台的时候，要在洗手台那边设置壁灯或崁灯。使用调光式的开关，避免深夜上厕所的时候让人太过清醒。

○ 吊挂式橱柜的间接照明给人酒店洗手间般的气氛

厕所内若是有吊挂式的橱柜，可以在橱柜上下设置间按照明，形成酒店般的气氛。

书房、卧室
的主要照明必须以间接来思考

在书房、卧室使用较多的间接照明，一样可以创造出充满气氛的空间。重点在于用台灯或工作灯来填补读书或写字所需要的亮度。这让我们可以在间接照明的部分放手挥毫。

○ 明亮的天花板 提升间接照明的效果

天花板若是使用较为明亮的表面材质，可以用书柜上方的间接照明，来确保整体的亮度

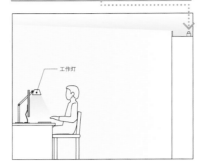

一定要跟工作灯搭配，来提高桌面的集中力。

○ 用崁灯 将书柜清楚地照亮

若是有装书柜，可以用崁灯将书柜的垂直面照亮

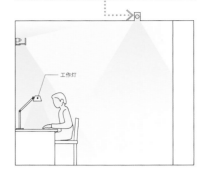

如果要设置均衡的照明，必须搭配压克力等材质的乳白色灯罩，让光源无法从下方直接被看到。桌上的照明则使用工作灯。

○ 在床板设置 酒店风格的间接照明

如果是现场打造的床板，可以设置间接照明或读书灯，来成为酒店的风格

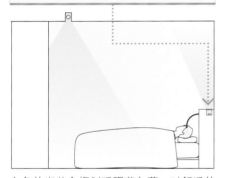

白色的光芒会抑制睡眠荷尔蒙，对舒适的睡眠来说必须避免。使用色泽温暖的光源之外，躺在床上时，视线内不可以出现眩目的感觉。就算将照明器具装在天花板，也必须是可以将脚边照亮的位置。

○ 在卧室的家具上方 设置荧光灯

在枕边设置桌上型的台灯，开关跟亮度的调整则是在手边的位置

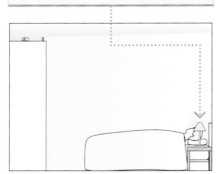

若是有橱柜等现场打造的家具，在顶部设置荧光灯来成为间接照明，可以实现不会眩目的整体照明。

○ 卧室的均衡照明 不可以让光源被看到

用脚灯来当作常夜灯，可以避免深夜前往厕所时清醒过来

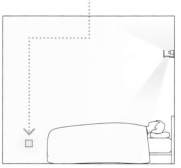

兼顾整体照明与读书灯的均衡性照明，也是有效的手法，但要加上压克力等材质的灯罩，避免光源被直接看到。

玄关口的照明
必须是引人入内的气氛

玄关口的照明，除了考虑防盗之外，还必须引导外来的访客，并且为关门、锁门（找钥匙）等行为提供支援。另一方面，夜晚的外观也会受到很大的影响，必须考虑怎样将室外结构照亮。

○ 引导通道的 玄关外照明

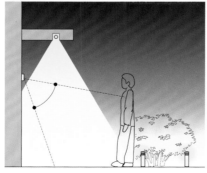

玄关外的照明要选择附有动态感测器的灯具，或是另外装设感测器，将访客从通道引导至玄关。

○ 玄关外照明，要将周围 与玄关门的把手照亮

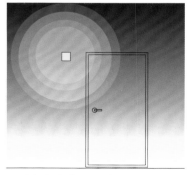

用壁灯来当作玄关的照明时，要装在玄关门板开合的一方。

7

收纳设计技巧

使用起来更加方便

收纳设计技巧

优良工程行与众不同的，在于收纳的制作。
虽然不过是简单的柜子、小小的厨房，只要制作收纳，就
能成为高质感的空间，与室内装潢得到调和。

要是使用收边条的时候，高
度必须跟遮盖用的横木凑齐

◎ 美丽呈现楼梯下方的收纳

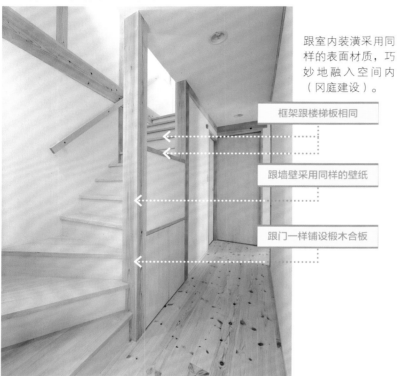

跟室内装潢采用同
样的表面材质，巧
妙地融入空间内
（冈庭建设）。

框架跟楼梯板相同

跟墙壁采用同样的壁纸

跟门一样铺设椴木合板

活用
家中的
缝隙

收纳最让人感到高兴的是狭窄的缝隙不会
被浪费，可以当作收纳空间来活用。
乍看之下没有任何意义的空间，只要改装
成收纳，也能让屋主觉得感动。
特别是楼梯下方，可以规划的空间出乎意
料，对小型住宅来说格外的珍贵。

◎ 在小型的高低差设置大型抽屉

◎ 楼梯旁边的小型收纳

在上下楼层中间的楼梯旁设
置收纳，位在动线上面，使
用起来相当方便(Assetfor)。

在榻榻米下方设置大
型的抽屉，取代一般将
榻榻米掀起来的收纳
方式，大幅提高使用上
的方便性（冈庭建设）。

◎ 楼梯下方
  收纳鞋子的空间

◎ 在车库天花板内侧设置收纳空间

有些格局会在玄关旁边的楼
梯下方形成空白的空间，可
以当作放鞋子的收纳来活用
（Assetfor）。

像这样子在车库天花
板的内侧设置收纳空
间，可以放置汽车用
品，或是必须用车辆
搬运的行李。

展示柜最能活用深度较浅的空间，无框的压克力门下方插在轨道内，上方装有磁铁吸附的门扣（田中工程行）。

在墙壁内设置简易的橱柜

放置不管的墙内，是没有任何用处的空间。当作柜子来活用，很简单地就可以改装成收纳空间。

但深度较浅、可以收纳的物品种类有限，要好好计划数量和位置，不可无厘头地到处设置。表面材质也必须注意，不可以干扰到室内装潢的整体气氛。

◎ 跟墙壁表面使用同样材质的柜子

装在框台桌侧面的柜子。表面材质与墙壁相同，减少柜子给人的印象（Assetfor）。

◎ 用照明来突显展示柜

为了让玄关得到延伸出去的感觉，在玄关正面的墙上设置柜子。内侧顶部设有落地灯（Kirigaya）。

◎ 墙角的收纳空间

房间墙角的收纳，可以像这样子把门装上。没有门的话东西会随便的放置，成为杂乱的空间（Assetfor）。

在房间角落设置收纳空间

房间角落很容易成为没有使用的空间。特别是窗户与门附近的墙角，没有足够的空间来设置大型收纳，只能成为普通的墙壁。因此特别介绍把这个空间当作收纳来活用的方法。

把墙角围起来，很简单地就能成为收纳。

特别是对预算较低的改建案例来说，是非常棒的技巧。

LDK 内
要将厨房
隐藏起来

LDK 会以客厅为前提来设计。
机能比外观更为重要的厨房该怎么处理，
将是设计上的重点。
基本上会尽可能地隐藏与水相关的生活
设备。巧妙地将它们化为收纳，
将可以创造出舒适的 LDK。

◑ 看起来犹如收纳空间的厨房

◑ 使用大型拉门的厨房收纳

把大量的厨房用品与设备，收在
厨房内侧的大型拉门内（Assefor)

从客厅看向厨房。乍看之下有如收
纳的空间，内部却是各种厨房设备
（Assefor)。

◑ 木工制作的杂志架

使用实木与木心，由木工
师傅制作的厨房收纳上的
杂志架。重点是可以放置
给主妇用的大型书籍（田
中工程行）。

中央是作业台兼杂志架。考虑到造型，最好
是摆在作业台的侧面。

在厨房收纳
放置杂志架

大部分的杂志尺寸较大，一般书柜放
不进去，希望能有杂志架的意见不在
少数。
特别是客厅与厨房，在此阅读杂志的
频率较高，杂志架是相当好用的设备。
此处介绍的是装在厨房收纳上面的
案例。

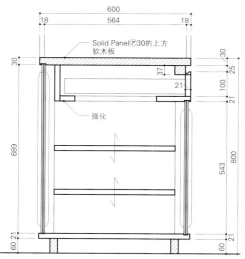

Solid Panel ⑦30的上方
软木板

强化

截面图（S = 1：15）

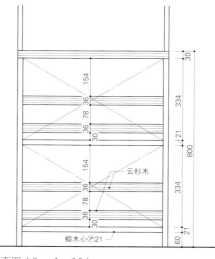

云杉木

椴木心⑦21

立面图（S = 1：15）

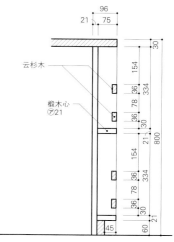

云杉木

椴木心
⑦21

杂志架截断面图（S = 1：15）

装有各种抽屉的厨房收纳

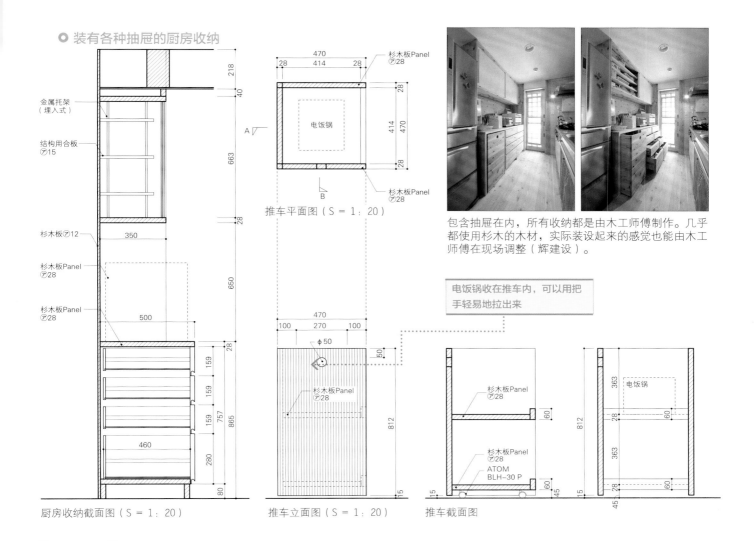

金属托架
（埋入式）

结构用合板
⑦15

杉木板⑦12

杉木板Panel
⑦28

杉木板Panel
⑦28

218
40
663
28
350
650
500
28
159
159
159
757
865
460
280
80

厨房收纳截面图（S＝1：20）

470
28 414 28
杉木板Panel
⑦28
28
电饭锅
414 470
28
A
B
杉木板Panel
⑦28

推车平面图（S＝1：20）

470
100 270 100
φ50
50
杉木板Panel
⑦28
812
15

推车立面图（S＝1：20）

包含抽屉在内，所有收纳都是由木工师傅制作。几乎都使用杉木的木材，实际装设起来的感觉也能由木工师傅在现场调整（辉建设）。

> 电饭锅收在推车内，可以用把手轻易地拉出来

杉木板Panel
⑦28
60
杉木板Panel
⑦28
ATOM
BLH—30 P
60
45
15
812

363
电饭锅
28 60
363
28 60
15 45
812

推车截面图

可以放置
各种不同尺寸
的厨房收纳

厨房必须收纳各种不同的物品。
这些物品的尺寸各不相同，若要追求收纳的方便性，必须以其中最高的物品来当作基准。
在此介绍巧妙实现这点的案例。

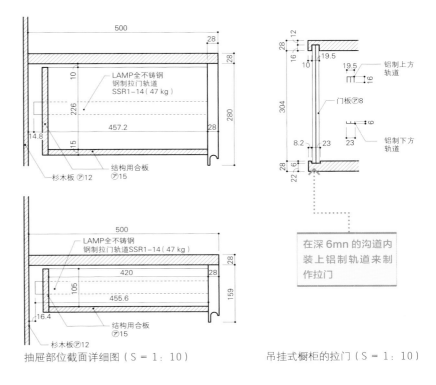

500
28
10
226
457.2
28
280
14.8
15
LAMP全不锈钢
钢制拉门轨道
SSR1—14（47 kg）
结构用合板
⑦15
杉木板⑦12

500
28
420
105
455.6
28
159
16.4
LAMP全不锈钢
钢制拉门轨道SSR1—14（47 kg）
结构用合板
⑦15
杉木板⑦12

抽屉部位截面详细图（S＝1：10）

12
28
16 19.5
10 19.5
16
铝制上方轨道
门板⑦8
304
8.2 23
铝制下方轨道
6
23 23
28
22 6
28

> 在深 6mn 的沟道内装上铝制轨道来制作拉门

吊挂式橱柜的拉门（S＝1：10）

卫浴的收纳
要活用未使用的空间

卫浴设备，大都无法拥有多余的空间。
另一方面却又得收纳相当多的物品，是让人烦恼的收纳空间的场所。
卫浴收纳基本上的重点在于未被使用的空间。
洗脸台的旁边或是墙内，要尽量利用这些小空间来设置橱柜。

◎ 整洁地呈现卫浴收纳

装在墙壁镜子内侧的收纳。细心处理边缘的切口，成功得到清爽的外观 (Four Sense)。

截面图（S ＝ 1：16）

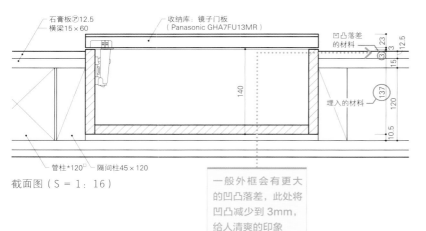

石膏板⑦12.5
横梁15×60
收纳库：镜子门板
（ Panasonic GHA7FU13MR ）
凹凸落差的材料
埋入的材料
管柱*120
隔间柱45×120

一般外框会有更大的凹凸落差，此处将凹凸减少到 3mm，给人清爽的印象

◎ 设置简易的可动柜

在墙壁侧面设置简单的收纳柜（照片右侧）。涂上白色使其成为室内装潢的一部分 (Kirigaya)。

◎ 在洗脸台旁边设置简易的柜子

用松木的板材组合而成的柜子。深度为 290mm，隔板可以上下移动（ Assetfor ）。

采用可动柜的构造，来对应各种不同尺寸的物品由木工师傅在现场制作（冈庭建设）。

◎ 在洗脸台旁边上方，装设可动柜

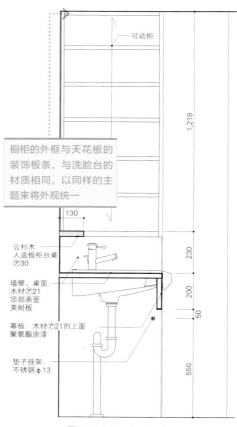

可动柜

橱柜的外框与天花板的装饰板条，与洗脸台的材质相同，以同样的主题来将外观统一

云杉木
人造板柜台桌⑦30
墙壁、桌面
木材⑦21
顶部表面
美耐板
幕板：木材⑦21的上面
聚氨酯涂漆
垫子挂架：
不锈钢φ13

展开图（S ＝ 1：20）

＊管柱：被横梁或梁打断的柱子。

◎ 制作简易的可动柜

◎ 以木工制作的大型书柜

设置足以成为支柱的木板，装上不锈钢的条柱与托架，摆上 25mm 厚的松木板。

用廉价的松木板组装而成

兼顾收纳与造型的整面墙壁的柜子

收纳书本等物品的时候，需要相当大型的柜子。

虽然也可以制作许多 1 间 * 左右的书柜，但是将一整面的墙壁都改成书柜，也是很好的方法。

除了可以容纳大量的书籍，就造型来看，装设起来的感觉也非常的好。

用没有涂漆的松木板组合而成的书架。可以收纳文库（A6）的书本（Assetfor）。

一样是用松木组合的书架。以较小的货批来制作书柜，在现场进行组装。书柜兼顾隔音墙的机能，可以缓和隔壁房间的噪音（Assetfor）。

◉ 建商用来「提高品质」的收纳战略

给屋主的问卷调查之中「住宅盖好之后感到不满的部分」，「收纳」是最常出现的项目之一。不满意的内容除了收纳的容量之外，还有使用上的方便性。受到这些意见的影响，最近有许多建商活用女性的观点，重质重量的，让收纳越来越是充实。

各大建商之中，最早将着眼点放在收纳上面的，要属 MISAWA HOMES。他们所提出的「藏」拥有大量的收纳，有效活用天花板内侧的空间，实现地板面积 50% 以上的收纳。除此之外 MISAWA HOMES 在收纳的领域，拥有各式各样的提案内容跟关键技术（Know-How），一路下来都维持很高的竞争力跟提案能力。

充实的收纳，重点在于满足女性的需求，尤其是正在养育小孩或夫妻都有在工作的主妇。大和 House 与收纳专家的近藤

典子小姐合作，研发出许多收纳用品，以主妇族群为目标来提出诉求。而另一方面，积水化学工业（Sekisuiheim）正在强化提案的方式，让生儿育女跟收纳有更为明确的关联。具体来说，是跟儿童教育之第一人选的阴山英男先生，联手发展「Kageyama Model」，其中的格局与收纳方案，都有考虑到小孩的教养跟学习环境。

就像这样，建商在收纳的部分会以主妇的观点跟生儿育女的需求为考量，致力于软体方面的强化，来提高自身商品的价值。（田中直辉）

MISAWA HOMES 的「藏」，位在 1 楼天花板 内侧的收纳空间。

积水化学工业在铺有榻榻米的房间设有小孩用的收纳。各种机关可以促进小孩养成收拾的习惯。

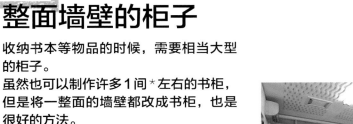

*1 间：约 1.818m。

能够让屋主高兴的
各种房间
的收纳计划法

各个房间的收纳，该以什么样的方式来思考。
在此用具体案例来说明各个房间的收纳的思考方式。

何谓适当的收纳空间

采访时所造访的一栋屋龄 10 年的住宅，在客厅、餐厅、洗手（洗脸）间、玄关等各个房间的地板跟桌上都摆满物品。其中大部分都是日常会用到的东西，可是有些却是布满灰尘。以适当的规模来打造的收纳与橱柜，也全部都装满了物品。

马上就会使用的东西如果摆在眼前，似乎是很方便没错，但房间各处全都摆满东西，却称不上是高品质的生活。居住者的生活空间变得狭窄，外观上也不会让人感到舒服。另外，现场打造的收纳塞满日常不会使用的物品，夺走了原本要给散乱在房间内的日用品使用的空间。

当然，更进一步扩大收纳空间，可以连房间内的物品一起摆进去，但实际上如果这样做的话，只会让收纳的空间无限地增加。笔者常常有机会造访高龄者的住宅，虽然比一般住宅还要来得宽敞，却有很多都埋没在繁杂且大量的物品之中生活。物品会不断持续增加，不是加大收纳空间所能解决的。

思考收纳的时候，不可以用平面的方式来摆放物品，要尽可能 使用上下的空间。足以容纳各个房间使用的物品跟预备用品就可以。深度较深的壁橱与储藏室、楼梯下方的收纳等大型收纳空间，如果只是以「总之先装了再说」的方式来设置的话，容易形成居住者随便囤积物品的环境。

思考容易使用的收纳

控制物品数量的同时，另一个重点是去注意「应该收在哪里」。比方说在客厅使用缝纫机，却必须收在和室的壁橱内。除非是拘谨又勤劳的人，大多会直接放在客厅，不然就是懒得拿进拿出，最后干脆不去使用。面对这种状况时，最好是将缝纫机与相关用品的收纳空间，摆在客厅桌子附近，不然就是在另一个房间设置专用的桌子＋收纳缝纫机的角落。这点要从屋主对缝纫机重视到什么程度来判断。

另外，有些住宅会设置大型的储藏室或更衣室，把附近房间的收纳都整合在此处，但这种状况对屋主来说可能会非常的不方便。大量的物品集中在储藏室内，东西摆到没有地方可以立足，变成很难使用的仓库。

如同先前提到的缝纫机，东西最好是放在使用的场所。非得摆在储藏室等收纳空间的时候，必须在墙壁设置立体性的橱柜。不可以放置过多的物品、柜子深度不可以太深，并且要规划出详细的间隔。另外，有些物品可以使用抽屉型的收纳来进行分类与保管。不管怎样，都要努力避免东西摆在地面的状况。

不论是哪一种收纳，都必须在使用的时候方便取出、收起来的时候毫不费力，设计时请将这点摆在第一位来思考。

（胜见纪子）

装在整面墙上的收纳空间用的拉门。收纳不光只是容量，还要思考如何活用高和宽。

收纳的适才适所
平面图（S = 1：80）

如果空间充分，脱衣间最好要有充分的收纳。洗澡用品、洗衣液、毛巾等物品的数量都不少，光是洗脸台很难收得进去。家人的内衣也可以放在脱衣间

不管再怎么狭窄的厕所，都要有存放卫生纸的空间。在马桶上方设置吊挂式的橱柜

希望把家入的衣服集中收在同一个地点的意见不少。不要制作的太死，装上一根铁管来挂洋装，其余让屋主摆放在已经拥有的衣柜

可以从玄关土间直接进出的收纳室，使用起来会很方便。虽然标示为鞋间，但大衣、雨伞、出外游玩、室外打扫的用品全都放得进来

日式玄关不可以没有的鞋柜，高度及腰的收纳空间不够充分。鞋柜从地板延伸致整面墙壁的设计，就算是在狭窄的空间也不可以给人压迫感

以吸尘器为首的打扫用具，最好要有专用的收纳场所。理想的条件是不论在哪里都可以轻松地拿出来。距离地面 1.3m 左右的高度放吸尘器，上面则是摆放各种其他小型用品

铺有榻榻米的房间如果要当作备用的卧室，绝对不可以没有壁橱。有别于西式的床垫，铺被的收纳空间要有 90 cm 的深度才算标准。如果收纳空间延伸到天花板，天袋 * 有可能会成为无谓的空间，要尽量避免，最好是在中层的位置区分上下

不只是电视，其他各种机器的插座与电线都必须注意。DVD 与 CD 等物品的收纳也要事先考量

平面图标注
浴缸外型
浴室
洗脸・脱衣间
厕所
收纳
收纳
和风柜
Dry Room
衣帽间
地板下收纳库
整理用柜子
鞋间
鞋柜
玄关
门廊
信箱
壁橱
走廊
榻榻米的房间
客厅
广缘 *
濡缘 *
濡缘 *
电视音乐台
柜子
楼梯
佛檀
柜子
食品储藏室
架子
地板下收纳库
餐具收纳/家电台
厨房
冰箱
桌子区
书柜

把榻榻米跟地面的高低落差改成收纳。放置坐垫等大型物品或预备用品

就算狭窄也没关系，尽量设置食品储藏室。用来放冰箱放不下的蔬菜或保存食品

厨房的收纳，要加设碗盘、家电的放置场所。流理台也具备收纳功能最为理想。最低限度，请确保电子瓦斯炉、饭锅、烤面包机、水壶等物品的放置空间。插座的数量与配置也请注意

写东西或是用电脑作业，如果能在客厅或餐厅的延长线上进行，生活起来会很方便。电脑周边设备的收纳与电线的空间、书本或资料、文具等物品的收纳，最好都要一并考量

* 天袋：与天花板的表面相接，位于高处的收纳空间。
* 广缘：较宽的走廊
* 濡缘：外走廊，没有遮掩的走廊。

厨房收纳与食品储藏室以方便性为优先

家电用品会有排烟与高温，必须可以拉出来使用

3道拉门的厚度会让收纳的深度变浅，设计尺寸的时候要考虑到这点

为了让湿气可以消散，瓦斯炉下方收纳锅子的部分，也采用开放式的抽屉。滑轨最好是可以100%拉出的类型

有效活用流理台下方的空间，采用可以拉出、紧密型的洗碗机

放有各种尺寸之厨具的厨房收纳。橱柜是可动式，这点也很重要。

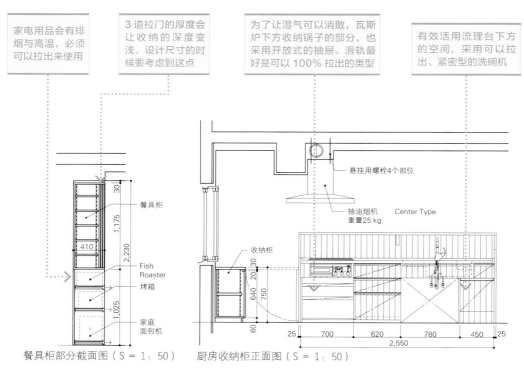

悬挂用螺栓4个部位

抽油烟机
重量25 kg   Center Type

收纳柜

30
1,175
410
2,230
Fish Roaster
烤箱
1,025
家庭面包机

餐具柜

20 30
640
750
60

25　700　620　780　450　25
2,550

餐具柜部分截面图（S = 1：50）　　厨房收纳柜正面图（S = 1：50）

作业台通常是再多也不敷使用，掀开式的桌子没有使用时可以收起来，在屋主之间得到很好的评价。

中间层配合屋主餐桌的高度，设置开放式收纳，下方装上拉门成为较浅的收纳

在厨房一边，用钢琴式合页来固定地掀开式作业桌。用收纳柜的门来支撑，使用时会挡住通道的部分。可以用来揉面团、使用瓦斯炉等补助性的调理器具

让厨房的作业台延伸到深处，可以暂时放置调理器具，或是将不收起来的厨具摆在这里

面对面的部分设定成1,230mm的高度，让厨房那边可以有效使用预备的空间

TV&插座

收纳柜

收边条插座
25　2,550　25
2,600

餐厅一方正面图（S = 1：50）

220
596
2,230
300
850
424 404
386
180 30
205 140 80 200
850
140 40
550 1,230
65　40

对面厨房截面图（S = 1：50）

厨房内侧比较浅的收纳空间，用来放杯子和碟子。深度较浅，找东西也很容易。

○ 厨房收纳
要在可动方式下功夫 2

放置烤箱等器具的下方橱柜以使用上的方便性为优先，采用可以往外拉出的构造。上方的柜子则是装上拉门，避免给人杂乱的感觉。

查询食谱会用到电脑，因此准备有网路线。准备好电话与插座等相关设备，可以让厨房收纳柜顶部成为信息区块

为了清爽呈现从餐厅到客厅的空间，上方餐具收纳的门采用「面」的造型，没有外框或玻璃

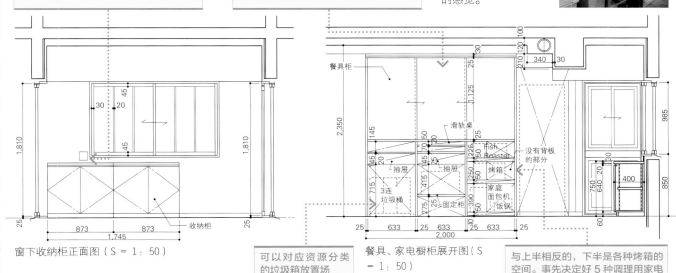

窗下收纳柜正面图（S = 1：50）

收纳柜

餐具、家电橱柜展开图（S = 1：50）

可以对应资源分类的垃圾箱放置场

与上半相反的，下半是各种烤箱的空间。事先决定好 5 种调理用家电的摆设场所，设计相应的滑轨桌食品储藏室要有追加机能

○ 食品储藏室
要有追加机能

1.5 榻榻米的大型食品储藏室（Pantry）。采用这种细长的平面造型，可以有效增加橱柜长度

食品储藏室内土间的部分，如果有清洗用的水槽会很方便，这栋住宅有室外水槽所以省略

在其中一边的墙壁设置橱柜。食品储藏室大多窝放比较重的物品，以木工制造坚固的结构

关于柜子的间隔，最下方的尺寸要大一点其余则是 300~400 mm 左右。要是能有深、浅两种深度则更加理想

平面图（S = 1：50）

展开图（S = 1：50）

展开图（S = 1：50）

有时不用穿鞋就可以了事，土间与木板地面并存，使用起来会比较方便

食品储藏室与后门的组合，是日本生活形态的最佳造型

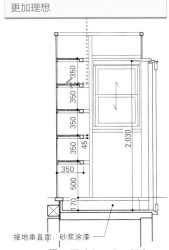

摆在土间上的食品储藏室。柜子的木板为杉本，墙壁是抗菌性、吸湿性高的熟石膏墙。

不光是厨房，食品储藏室还可以透过鞋间来前往玄关。绕到后方的动线不用脱鞋，非常方便

平面图（S = 1：50）

电视柜要避免杂乱的感觉

○ 周边设备在电视柜的
　收纳方式很重要

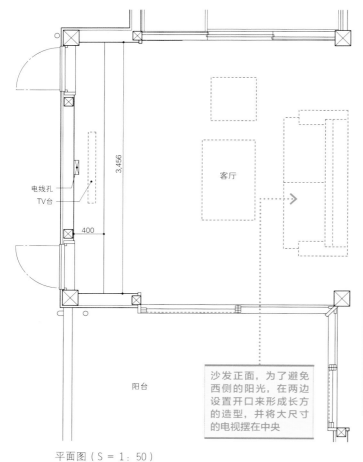

平面图（S = 1：50）

DVD播放器等电视周边设备的空间。
出乎意料得薄，不容易引人注意。跟
桌子区一样，准备有电线用的开孔来
跟顶部连系

展开图（S = 1：50）

虽然是固定式的电视
收纳，却是用木工组
合顶板与隔板的简单
构造。为了降低成本，
没有设置抽屉跟门板，
组合市面上贩卖的不
同尺寸的纸浆收纳箱，
并且注意隔板的位置
来避免有任何的缝隙

沙发正面，为了避免
西侧的阳光，在两边
设置开口来形成长方
的造型，并将大尺寸
的电视摆在中央

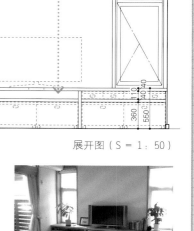

电视柜必须放置许多周边机器，
要尽量避免杂乱的感觉。电线
类的收纳很重要。

○ 客厅的作业桌
　方便性要大

在家中处理事情跟使用电脑作业的时
间，与以前相比增加了许多。以前在
餐桌进行的作业，也因为越来越多的
机器跟资料没有地方摆，必须另外准
备专用的场所。这栋住宅在餐桌旁边
面向墙壁的位置，以L型来设置桌子
跟书柜，面积相当大。

书柜顶端的间接照明

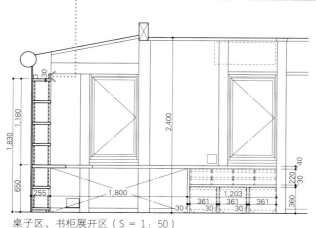

桌子区、书柜展开区（S = 1：50）

各种机器的电源，以
及电脑跟周边设备的
连接需要大量的电线，
对桌子加工，让桌面
上下可以顺利地相连

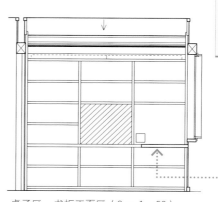

桌子区、书柜正面区（S = 1：50）

卫浴收纳要重视容量与打扫的方便性

◉ 洗脸、脱衣的收纳
总之以容量为优先

事实上有很多东西想放在这里。例如洗脸刷牙相关、化妆品或刷子等等梳妆必需品、麻织品类、沐浴备品或清洁用具、洗衣用的清洁剂或晒衣用具、脱衣篮、更换的内衣等等。把洗脸台和洗衣机放在相当狭窄的盥洗室里，无法清扫整理也很合理。所以除了附有收纳功能的洗脸台之外，一定也要设计一个可以收纳杂物的收纳柜。

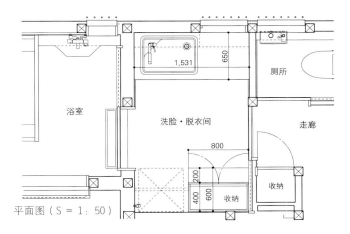

平面图（S = 1：50）

化妆柜底端是将洗脸盆照亮的灯丝管

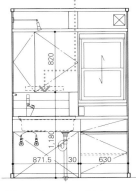

展开图（S = 1：50）

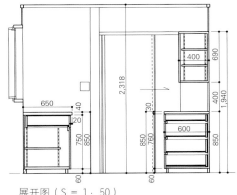

展开图（S = 1：50）

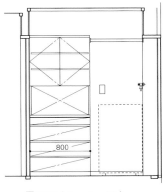

展开图（S = 1：50）

◉ 厕所的收纳
以打扫的方便性为第一

凸出的部分，上方是合页门板的收纳。下方是放置宠物厕所的开放性结构。地板跟墙壁表面是注清洁性的美耐板

不光是人类厕所的用品，要是连宠物厕所的更换品也能一起储备，则可以让人多一份安心感。收纳的高度刚好，大人和小孩都方便使用

厕所旁边的合页门。悬挂式橱柜让人可以在下方摆东西，同时拥有相当的容量。

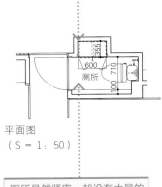

平面图
（S = 1：50）

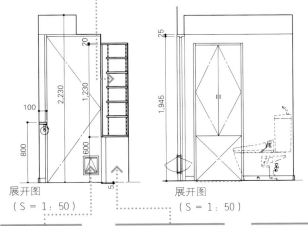

展开图
（S = 1：50）

展开图
（S = 1：50）

展开图
（S = 1：50）

厕所虽然紧密，却设有大量的收纳、放置宠物厕所的场所、摆小型物品的柜子

在门的下方设置宠物用出入口

表面使用美耐板，肮脏的时候可以用消毒液直接擦拭

柜子的木板是 25mm 厚的杉木，挂毛巾架、卫生纸滚筒装在柜子底部，降低器具的存在感来得到清爽的墙面。就算只有 100mm 的深度，也能暂时放置物品，增加使用的方便性

玄关收纳要容纳许多物品

事先想好各种收纳来确保大量的空间，同时也顾虑到进出的方便性。

鞋间可以大幅提升玄关的收纳能力

出入口刻意不使用门板，吊挂遮盖用的幕布。设置窗户让湿气可以消散也很重要

下层预定用来放鞋子，上方 2m 放其他的物品

收纳柜　鞋柜

玄关

666　704　448

303

鞋间

343

平面图（S = 1：50）

从玄关连系到土间的 1 榻榻米大的空间。预定其中一边是鞋柜，另一边挂大衣。也可以当作婴儿车或室外用玩具的收纳场所

柜板：椴木材⑦21

30

2,700

2,100

接地垂直面：T1合板涂上砂浆洗石子表面

展开图（S = 1：50）

1 层预定可以放 3 双鞋

石膏板⑦12.5环保壁纸

柜板：椴木材⑦21

340　350　350　175　175　175　175　175　400

2,150

2,050

展开图（S = 1：50）

上方可以挂衣服，下方预定是直接摆在土间地面上的物品的专用位置

展开图（S = 1：50）

玄关的收纳用高度来提高容量

就算是狭窄的玄关空间，大多需要容量较大的鞋柜。为了减少压迫感而伤脑筋

收纳没有做到天花板，高度设定在 2m 左右，顶部设置间接照明

木条工程木板的简单门板，用偏红的柾目（直纹）木板组成

鞋间 & Dry Room

358

鞋柜

1,156

455

130　杂物柜

玄关

门廊

投递口

平面图（S = 1：50）

不用走到室外的信箱，也能从投递口直接拿报纸

300　300　300　300

1,900

展开图（S = 1：50）

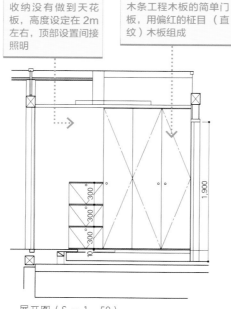

358

910　300　300　300　130

2,140

150

杂物收纳的空间虽然很浅，但可以容纳钥匙、折叠伞、拖鞋等物品

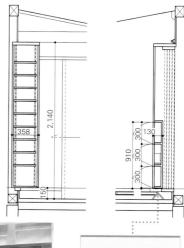

2m 高的玄关收纳。此处在天花板装上照明，让空间得到延伸出去的感觉。

收纳设计的秘诀 5

改善收纳外观的秘诀在于表面材质与边缘的处理等小功夫上面。

许多收纳家具，都直接出现在居住者的视线之中，随便摆设反而会让房间整体的印象变差。另外，家具的造型需要极为纤细且合适的感性，只靠自己的观感随意设计，必须面对不小的风险。在此建议大家在设计的时候，遵守以下这 5 条规则。

1. 木头薄片的贴法
2. 门板的分配
3. 切口的处理
4. 变通用间隔的处理
5. 扶手

只要确实遵守这些规则，就算某种程度自由的进行设计，收纳的造型也不会出现致命的破绽。特别是切口与间隔处理等细节，在这些部分下功夫，可以提升整体的品质。

另外，以这些规则为前提，最好还可以按照设计来使用不同的工法，对成本进行管理。在笔者个人的场合，抽屉或必须使用特殊金属零件、需要高准度施工、需要特殊安装手法、使用特殊材料等状况，会选择家具工程。如果使用一般素材或组合性零件、金属零件、没有必要在工厂涂漆的话，会选择木工工程。两者之 间的话则选择门窗工程。

(和田浩一)

秘诀 1

木头薄片
将木纹统一
最重要

将木头薄片贴在门或板材上面时，要让木纹连续到旁边的门或板材上面。以极端性的角度来看，就算分成基本橱柜与吊柜，也要使用一整片的木头薄片来贴上，并且抱持将中间空白的部分舍弃的觉悟。实际上虽然不会做到这种地步，至少相连的门板要用同一片木头薄片来制作。另外，使用纵向的木纹时，不可以将末口＊与元口＊搞错。末口跟元口乍看之下虽然没有什么不同，仔细观察却会出现「异常」的感觉，制作时必须谨慎处理。

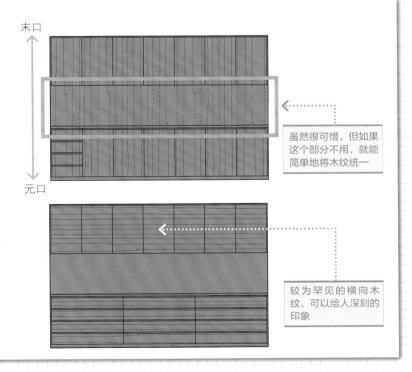

末口

元口

虽然很可惜，但如果这个部分不用，就能简单地将木纹统一

较为罕见的横向木纹，可以给人深刻的印象

＊末口：木材（树木）末梢一方的切口。

＊元口：木材（树木）根部一方的切口。

秘诀 ②

门的尺寸分配
只是一致
不够充分

收纳之门板的尺寸分配，基本规则是「一致」。让宽度和高度一致、将面一致来进行统一，呈现出清爽的外观。但光是注重这点（特别是规模较大的收纳）却会给人「冰冷的印象」，有时也得刻意的「打乱」一下。

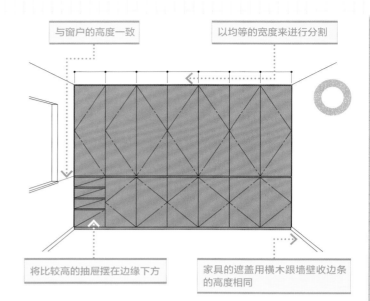

与窗户的高度一致

以均等的宽度来进行分割

将比较高的抽屉摆在边缘下方

家具的遮盖用横木跟墙壁收边条的高度相同

上级篇 **以规则性 + 不均衡性
来提高品位**

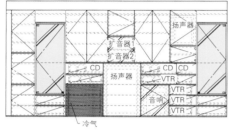

扩音器1
扩音器2
扬声器
CD
CD CD
扬声器
VTR
音响
VTR
VTR
VTR
冷气

上图的这个收纳，不光是门的大小，连材质与光泽都不相同，称不上是拥有「统一感」。但沟槽的线条在某些部分通过来进行「整合」，另外整合表面，让造型可能会产生破绽的部分连系在一起，在照明效果的陪衬之下形成温柔的气氛。

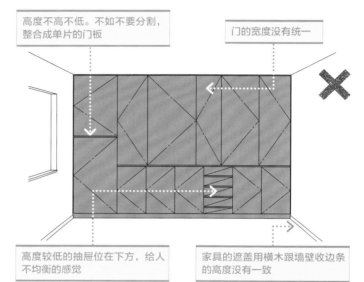

高度不高不低。不如不要分割，整合成单片的门板

门的宽度没有统一

高度较低的抽屉位在下方，给人不均衡的感觉

家具的遮盖用横木跟墙壁收边条的高度没有一致

秘诀 ③

门板切口的处理
要使用门侧胶带
或单板

门板或橱柜的切口，会大幅影响家具给人的印象。比方说门板的切口，如果用门窗工程来处理，会贴上厚度 4~7mm 的实木板材（挽板＊），但如果有许多门板排列在一起，这道比较厚的线条会让人感到在意。可以使用几乎没有厚度的门侧胶带或单板来贴上。

● 单板或厚单板

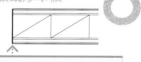

单板的厚度不会让人在意得到清爽的外观

切口的化妆材较薄，让侧面切口不显眼。

● 实木木板（挽板）

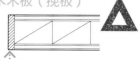

可以看到两条线。当门板连续排列时，线条的数量增加，这样并不雅观

切口的化妆材较厚，让侧面切口明显的被看出。

＊ 挽板：有别于一般薄薄削下的木片，用电锯从木材切下来的薄板。

现场打造的
家具的变通用
间隔要留 20mm

现场打造的家具，为了调整跟建筑与家具之间精准度的落差，遮盖用横木与填充物等「调整用的间隔」，是绝对不可缺少的要素。但必须注意的是「调整用的间隔」也会大幅影响外观。间隔较小给人尖锐的印象，如果太小而施工的精准度又不足，装设起来的感觉反而会变差。变通用的间隔如果能有 20mm 左右，这类问题将比较容易解决。

● 遮盖用横木与天花板的间隔

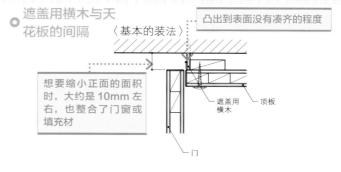

想要缩小正面的面积时，大约是 10mm 左右，也整合了门窗或填充材

凸出到表面没有凑齐的程度

〈基本的装法〉

遮盖用横木 顶板 门

● 填充材跟墙壁的间隔

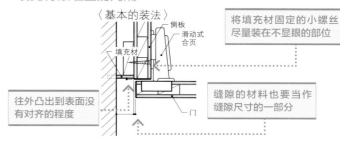

〈基本的装法〉

将填充材固定的小螺丝尽量装在不显眼的部位

往外凸出到表面没有对齐的程度

缝隙的材料也要当作缝隙尺寸的一部分

侧板 滑动式合页 填充材 门

● 遮盖用横木跟地板、收边条的间隔

遮盖用横木，一般会跟墙壁收边条的高度一致，但是在卫浴的部分则会加大（100~200 mm）

尺寸取决于使用上的方便性和造型

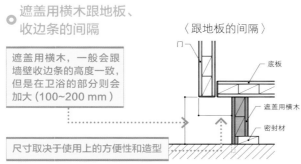

〈跟地板的间隔〉

门 底板 遮盖用横木 密封材

〈跟收边条的间隔（凸出、凹陷）〉

填充材 侧板 底板 遮盖用横木

遮盖用横木的高度配合收边条，贴在一起装设

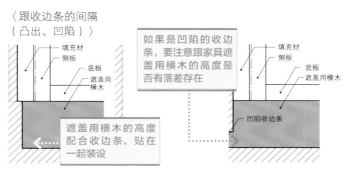

如果是凹陷的收边条，要注意跟家具遮盖用横木的高度是否有落差存在

填充材 侧板 底板 遮盖用横木

凹陷收边条

● 设置沟槽的方式

要注意切口材料的贴法。门侧胶带的厚度比较薄，贴起来会比较漂亮

让手指插入的缝隙为 20mm 左右

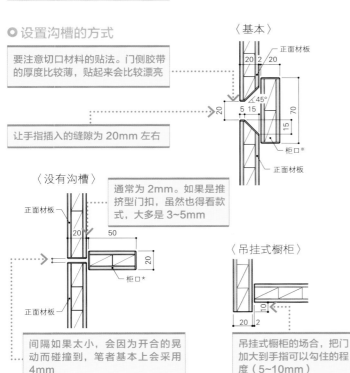

〈基本〉

正面材板

20 2 20

45°

5 15

20

15 70

柜口*

正面材板

〈没有沟槽〉

正面材板

20 50

正面材板

通常为 2mm。如果是推挤型门扣，虽然也得看款式，大多是 3~5mm

柜口*

20

间隔如果太小，会因为开合的晃动而碰撞到，笔者基本上会采用 4mm

〈吊挂式橱柜〉

20 2

10

吊挂式橱柜的场合，把门加大到手指可以勾住的程度（5~10mm）

用沟槽
取代把手
或握把

若想要得到平坦又清爽的造型，可以在门板边缘设置沟槽，来取代手把或握把。需要的空隙大约是 20mm，内部表面的处理也要注意。橱柜侧面跟正面木板的连接不可以凸出。沟槽的形状会依据造型、素材、表面材质、使用场所来决定，比方说化妆合板，可以让门板的一端朝另一端变细，如果是涂漆的板材或薄木板，则大多会挖出沟道。吊挂式的橱柜则会让门板增加 5~10mm 的长度。

* 柜口（棚口）：抽屉或柜子被打开时，正面没有往外移动的部分。

图书在版编目（CIP）数据

住宅设计解剖书 . 住宅品质提升法则 ／ 日本 X－
Knowledge 编；凤凰空间译 . -- 南京：江苏凤凰科学技
术出版社，2015.5
ISBN 978-7-5537-4314-1

Ⅰ . ①住⋯ Ⅱ . ①日⋯ ②凤⋯ Ⅲ . ①住宅－室内装
饰设计－日本 Ⅳ . ① TU241

中国版本图书馆 CIP 数据核字 (2015) 第 065855 号

江苏省版权局著作权合同登记章字：10-2015-057 号

SENSE WO MIGAKU JYUTAKU DESIGN NO RULE

© X-Knowledge Co., Ltd. 2012

Originally published in Japan in 2012 by X-Knowledge Co., Ltd. TOKYO,

Chinese (in simplified character only) translation rights arranged with

X-Knowledge Co., Ltd. TOKYO,

through Tuttle-Mori Agency, Inc. TOKYO.

住宅设计解剖书　住宅品质提升法则

编　　　者	（日）X－Knowledge	
译　　　者	凤凰空间	
项 目 策 划	凤凰空间／陈　景	
责 任 编 辑	刘屹立	
特 约 编 辑	陈　景	

出 版 发 行	凤凰出版传媒股份有限公司
	江苏凤凰科学技术出版社
出版社地址	南京市湖南路1号A楼，邮编：210009
出版社网址	http://www.pspress.cn
总 经 销	天津凤凰空间文化传媒有限公司
总经销网址	http://www.ifengspace.cn
经 　 销	全国新华书店
印 　 刷	天津市银博印刷集团有限公司

开 　 本	889 mm×1 194 mm　1／16
印 　 张	9.5
字 　 数	121 000
版 　 次	2015年5月第1版
印 　 次	2015年5月第1次印刷

标 准 书 号	ISBN 978-7-5537-4314-1
定 　 价	59.00元

图书如有印装质量问题，可随时向销售部调换（电话：022-87893668）。